拒绝平庸丛书

主　编　刘志宏
副主编　马慧慧　李运萍
　　　　孙晓南　李　巍

精通

PowerPoint 2013

幻灯片设计
与创意

电子工业出版社·

Publishing House of Electronics Industry

北京·BEIJING

内容简介

随着电脑应用的普及和办公自动化的不断发展，职场上对办公人员的软件操作水平要求也在不断提升。本书有别于传统的入门型图书，旨在教授办公人员如何制作更专业的PPT、如何提高工作效率以及解决一些实际工作中遇到的问题等，是一本"高端"的PPT学习手册。

本书分三大部分，共16章，分别从基础与经验、应用技巧、行业案例三方面讲解了PPT的设计原则、版面的布局、配色技巧、PPT的演讲技巧，以及PPT中对文本、图形、图片、表格、图表等元素的应用技巧和PPT在多个行业内的实际应用等。

本书形式活泼，内容丰富、充实，将实用的理念、经验同经典实例结合起来，用通俗易懂的语言进行讲解，使读者愉快阅读、轻松学习。

本书适合于使用PowerPoint进行办公的用户学习和提高，包括文秘、公司管理人员、教师、国家公务员以及即将步入职场的高校学生等。

未经许可，不得以任何方式复制或抄袭本书之部分或全部内容。

版权所有，侵权必究。

图书在版编目（CIP）数据

精通PowerPoint 2013幻灯片设计与创意 / 刘志宏主编. —北京：电子工业出版社，2014.5
（拒绝平庸）

ISBN 978-7-121-22925-1

Ⅰ. ①精… Ⅱ. ①刘… Ⅲ. ①图形软件 Ⅳ.①TP391.41

中国版本图书馆CIP数据核字（2014）第070904号

策划编辑：祁玉芹
责任编辑：鄂卫华
印　　刷：中国电影出版社印刷厂
装　　订：中国电影出版社印刷厂
出版发行：电子工业出版社
　　　　　北京市海淀区万寿路173信箱　　邮编：100036
开　　本：710×1000　　1/16　　印张：18　字数：342千字
印　　次：2014年5月第1次印刷
定　　价：48.00元

前言

在使用Microsoft Office软件进行办公时，您是否常常遇到各种困惑和迷茫？对软件的各种功能和命令都熟悉的您，是否仍然无法感到得心应手？当您翻开本书的时候，是否希望自己的办公应用水平更胜一筹呢？是的，本书正是为您量身打造的，这是一本让您拒绝平庸的书。

Office软件是微软公司出品的自动化办公应用软件，其三大组件：Word、Excel、PowerPoint分别在各行各业中发挥着极其重要的作用。随着电脑的普及和软件应用的深入，对办公人员的技能要求也越来越高，常规的入门类书籍已经无法满足他们的应用需求。本书没有系统化地介绍软件的各项命令和功能，只列举了能帮助读者快速提升应用水平的经验和技巧，以及在实际工作中具有代表性的操作实例，使读者轻松步入高手行列。

丛书书目

本丛书主要针对希望快速提升Office办公软件操作技能的读者，包括公务员、公司职员、行政文秘人员、销售人员等，丛书包含以下书目。

❋ 《精通Word 2013文档制作与排版》

本书详细介绍了Word 2013在文档制作与排版应用中的各种经验、技巧和实例，适合于使用Word进行办公的用户学习和提高，包括文秘、公务员、企划人员、排版人员以及即将步入职场的高校学生等。

❋ 《精通Excel 2013表格制作与数据分析》

本书详细介绍了Excel 2013在表格制作、数据计算、数据分析和图表处理等应用中的经验、技巧和实例，适合需要提升自身竞争力的职场新人，以及在市场营销、财务、人力资源管理等方面需要进行数据分析、图表报告的人士。

❋ 《精通PowerPoint 2013幻灯片设计与创意》

本书详细介绍了PowerPoint 2013在幻灯片制作、创意设计以及放映演讲等应用中的经验、技巧和实例，适合于文秘、公司管理人员、教师、公务员以及销售人员等。

丛书特点

本丛书可以帮助读者快速、轻松地提升Office办公软件操作水平，丛书具备以下特色。

1. 有深度，读者提升度高

常规的入门类电脑图书只是教会读者如何使用软件的各种功能，而本书是指导读者如何让软件更好地帮助自己工作，并使自己的文档、表格或幻灯片更加专业和出色，这是一种质的提升。如果一本电脑书能让读者随手翻上几页，就会由衷地感觉"原来是这样！"、"原来还可以这样用！"、"太好了，又学了一招。"那么这一定是一本销量非常不错的电脑书。

2. 起点高，针对性强

本丛书与常规基础类图书相比，起点更高，专业性更强，因此本丛书要求读者具备一定的软件基础。如今零基础的电脑办公人员已经越来越少了，相反，这样的定位更加贴近读者的需求，让读者感到这正是自己需要的书。

3. 结构新颖，内容多元化

本丛书由3部分组成，分别包含了"基础与经验篇"、"应用技巧篇"与"行业实战篇"3部分内容，使读者在学习过程中可以得到多层次的提升，同时一本书包含了市场上多本书的内容，内容更加丰富，物超所值。

本书作者

本书由多年从事办公软件研究及培训的专业人员编写，他们拥有非常丰富的实践及教育经验，并已编写和出版过多本相关书籍。参与本书编写的作者有贾文庆、郭庆然、陈韵、聂志鹏、李运萍、马慧慧、刘志宏、肖冬香、罗亮、孙晓南、易翔、贾婷婷、刘霞、黄波、朱维、李彤、邓丽丽、罗晓文、韩继业、李巍等，书中如有疏漏和不足之处，恳请广大读者和专家不吝赐教，我们将认真听取您的宝贵意见。

目　录

第一部分　基础与经验篇

目录

第二部分　应用技巧篇

目录

第三部分　行业实战篇

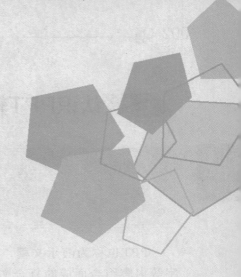

第一部分 基础与经验篇

教学课件、工作汇报、产品展示、项目介绍、活动宣传……需要PPT，一些简单的平面设计、动画制作甚至电子杂志也可以通过PPT来实现，目之所及，PPT越来越"侵占"我们生活了，那么PPT到底是个啥玩意？我们又该怎么看待它呢？别一个人琢磨了，快快进入本章学习吧！

PPT常识

1.1 认识PPT软件

> 　　制作PPT的人都知道，PPT这东西看起来简洁又好看，一旦亲自操刀，就发觉还真不知道从哪里下手，怎么做？在解决这个难题之前，先笼统地认识PPT。

　　PPT也称为演示文稿，是由若干张幻灯片组合而成，且由声音、图片、文字等内容组合而成的复合文档，用于演示。而这里用于制作该PPT的软件就是PowerPoint。

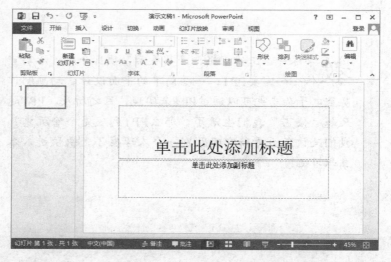

　　要让PPT略胜一筹，使用PowerPoint 2013也是重要的一步，从专业角度看，PowerPoint 2013有以下几个优点。

1. 友好的宽屏

　　从视觉效果上来说，大多数人都比较钟情于宽屏和高清格式，PowerPoint 也是如此。该版本具有 16：9 版式，在放映演示文稿时两侧再也没有恼人的空白，可以尽可能地利用宽屏。

2. 更好的设计工具

PowerPoint 2013加入和改进了许多设计工具，可以帮助我们制作更加优秀的PPT演示文稿。

（1）新主题与主题变体

主题现在提供了一组变体，也就是在主题结构大致不变的情况下，提供了多组调色板和字体系列样式，当然，PowerPoint 2013也提供了符合新的宽屏主题。在"启动屏幕"或"设计"选项卡中即可选择一个主题和变体。

（2）均匀地排列和隔开对象

无须目测幻灯片上的对象以查看它们是否已对齐，当对象（图片、形状等）距离较近且均匀时，智能参考线会自动显示，并告诉对象的间隔均匀。

第01章

（3）动作路径的改进

　　当创建动画的动作路径时，PowerPoint 会显示对象的结束位置，且原始对象始终存在，而"虚影"图像会随着路径一起移动到终点。

（4）合并常见形状

　　选择幻灯片上的两个或更多常见形状，并进行组合以创建新的自定义形状和图标。

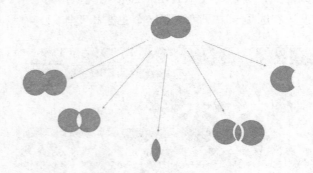

（5）改进的视频和音频支持

　　PowerPoint 3013支持更多的多媒体格式，例如，.mp4、.mov、H.264视频和高级音频编码（AAC）音频等更多高清晰度内容，PowerPoint 2013也内置了更多的编解码器，因此，再也不必针对特定文件格式，安装它们即可。

（6）取色器，实现颜色匹配

　　可以直接从屏幕上的对象中捕获精确的颜色，取色器执行匹配工作，即可将其应用于任何形状。

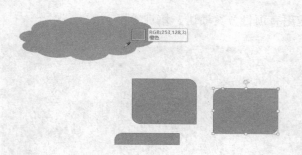

1.1.1 PPT有什么作用

PPT的用途很多，从应用的方式和目的上来说，常用的主要有以下3种。

◆　辅助演讲。

◆　自动演示。

◆　屏幕阅读。

像我们所看到的婚礼演示PPT，就是利用了PPT的自动演示和屏幕阅读的功能。用途决定PPT的设计方式，不同的PPT在设计上会有很大的区别。这样就要求我们在设计PPT的时候，掌握它的特点，灵活处理。

> 提示：婚礼用PPT采用自动演示的方式放映，能带动大家一起回忆，渲染现场气氛。

再来说用来辅助演讲的PPT，这类PPT视觉效果要求高，经常需要设计得美轮美奂。它不需要太多的文字，列出重点和关键点即可，演讲者在讲解时根据要点展开介绍，这类PPT大多需要投影播放，所以用大一点的字体更加醒目。在实际的工作生活中，常见的应用有项目方案演讲、培训等。

当一份PPT需要用投影仪播放演示时，对PPT中视觉、声效、动画和色彩等都有更高的要求，因为在播放时考虑到没有人介绍和讲解PPT，所以除了要有极好的视觉效果，内容上也要做到生动、细致。

1.1.2　你要做什么样的PPT

PowerPoint的用途多种多样，根据应用主体、内容、目的要求的不同，可以将PPT大致分为以下几个类别，而每种不同类型的PPT，都有不同的特点，这需要我们在设计PPT的时候对素材进行区分，而熟悉了这些特点就能让我们在制作PPT时游刃有余、信手拈来。

作为一种新潮、最有效的商务沟通方式，PowerPoint的用途不下百种，而且还在不断延伸。但根据应用主体、内容、目的以及要求的不同，我们把最常用的PowerPoint分为八大类，并对它们各自的特点进行分析。

1. 工作报告

年终需要总结、项目需要总结、活动需要总结、学习需要总结、执行更需要总结……。有工作，就需要总结；有总结，自然要汇报，制作工作报告PPT时有以下几个定位。

- ◆ 用色传统：如"科技蓝"、"中国红"。
- ◆ 背景简洁：由色块、线条以及简单点缀图案组成。
- ◆ 框架清晰：由前言、背景、实施情况、成绩与不足、未来规划等这几部分组成。

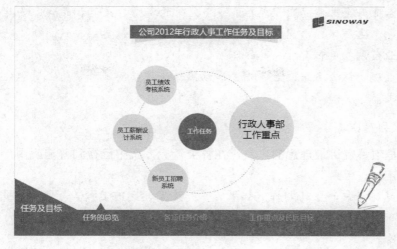

第 01 章

◆ 画面丰富：艳丽的图标色彩、质感、内容与背景高度对比的画面风格。

◆ 图片较多：背景图、点缀图表、衬托图片等适当放置，"眼见为实"是人的普遍心理，图片的大量应用会大大增加业绩的说服力。

◆ 动画适当：适当加入动画效果不仅让PPT变得鲜活，而且更有利于理清思路，强化PPT的说服力。

2. 企业宣传

企业宣传PPT具有时效性，也能营造整体氛围，且投资成本低，动静结合，听说互动。营销人员可根据PPT内容进行讲解，随心所欲，既能宣传公司形象，也能展现个人魅力。企业宣传PPT具有以下几个定位。

第01章

◆ 专业：企业宣传PPT代表了一个公司的实力、文化和品牌，要与企业主题色、主题字、画册、网页等保持一致，制作精美、细致。所以一般要由专业企划人员和设计人员制作。

◆ 直观：综合运用图表、图片和动画等手段，实现可视化、直观化的表达效果。

3. 项目宣讲

PPT是项目宣讲最理想的工具，在各类竞标方案中已得到普遍应用，它主要有以下几个定位。

◆ 站在客户的立场制作：如果客户是专家，则PPT尽量专业；如果客户是外行，则PPT尽量通俗易懂；如果客户参差不齐，则以决策者的情况为标准。

◆ 为客户量身定做：依据客户的主题色、主题字制作，加上客户的Logo，并说明与客户联合进行，相信客户能体会到你的良苦用心。

◆ 尽可能具体：在某些重要环节让客户看到你的付出、你的成果，这会大大增加你的得分。

4. 培训课件

大部分的学校上课时都会使用到课件，它形象地将老师要表达的观点以文字、图形、动画的方式向学生展示出来。

它需要对以下几点进行定位。

◆ **善于举例**：道理总是让人难以理解，举一个例子则可以少费很多口舌。

◆ **善用比较**：让学员容易理解，过目不忘。

◆ **生动多变**：不要让PPT停留在一个画面过久，否则会让观众产生厌烦情绪。

◆ **情节起伏**：尽量避免一张背景从头用到尾，过渡页的应用、色彩的变化，以及个性化、趣味话图片的应用都能让学员为之心动。

> **提示**：上课时需要用到的课件及培训课件等多用来辅助教学，应尽量避免枯燥呆板，内容要丰富生动，在图片的选用上多用幽默风趣且符合主题的创意图片。

5. 咨询方案

客户中的决策者一般不可能花费大量的时间研读页数过多的咨询报告，若把研究成果浓缩成一个30页的PPT，让客户半个小时掌握最核心的观点，自然会更加彰显你的价值。咨询方案类PPT主要有以下几个定位。

◆ 推理严谨: 为了让客户主动得出结论, 大量使用图表, 会让推理环环相扣, 引导客户主动认同该观点。

◆ 画面简洁: 简洁的内容有时候更能彰显专业与可信度。

◆ 有理有据: 让每个数据都有来头。

6. 婚庆礼仪

在婚庆典礼上播放温馨的PPT, 能为婚礼现场增光添彩。它主要有以下几个定位。

◆ 真情动人: 把生命中最真挚的一幕给别人分享, 自然能让观众动容。

◆ 幽默感人: 给观众一点惊喜, 幽默的东西往往让人回味无穷。

◆ 精彩迷人: 当你们白发苍苍的时候, 蓦然回首, 也许这套PPT是你们最美的回忆。别让它有缺陷, 设计再美一些, 细节再进一步。

7. 竞聘演说

如果说婚庆礼仪PPT是完全属于自我的，竞聘演说PPT则是自我个性与集体精神的结合体。它有以下几个定位。

◆ 突出个性：年轻人青春活泼；中年人沉着冷静；年长者历练深厚，以上都可以通过画面表现出来。

◆ 展现集体：把个性与公司结合起来，别忘了显示单位的Logo、图案、主题色以及与集体的大合照。

8. 休闲娱乐

包括游戏、故事、哲理短片、动作影片、音乐动画等，国内外PPT爱好者尝试过各种各样、五彩纷呈的作品。我们倡导简单、有趣、轻松又不低俗的PPT休闲作品，便于白领、商务人士之间分享与传播。

1.2 怎样的PPT才算优秀

说到这里，读者不禁要问，到底一个优秀的PPT需要具备哪些标准？

笼统地说，要制作一个优秀的PPT，需要一流的技术、丰富的经验、专业的态度、独到的创意和无限的耐心。

优秀的PPT是有其标准的，简单地说，就是一定要具备四"目"，即

第
01
章

- ◆ 耳目一新。
- ◆ 赏心悦目。
- ◆ 纲举目张。
- ◆ 过目不忘。

　　所谓"耳目一新"，就是指PPT一定要兼具创意，同样外观的PPT看一两遍还能忍着，看三四遍估计肯定腻了，所以新颖的设计、独到的创意是优秀演示文稿必备的元素；此外，观众在看演示文稿时会特别关注那些让他们感兴趣的内容，要让PPT赏心悦目，除了有吸引他们的内容外，外在的效果表现力同样重要。

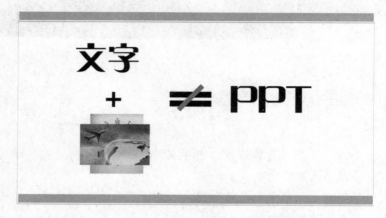

　　再然后是"纲举目张"，也就是制作出幻灯片放映的导航，让观众一目了然地了解放映进程和当前幻灯片在演示文稿中的位置。

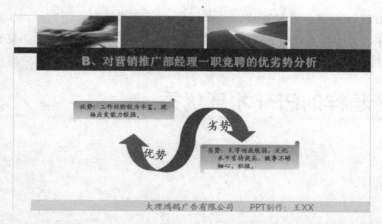

　　想要让观众更长时间地记住和了解幻灯片的内容是演讲人追求的目标。据调查发现，越直观、简单的东西，观众记忆得越牢。

1.2.1 从观众的角度出发

对PPT而言，观众就是最后的打分者，但很可惜，大多数时候得不到观众的好评，而且越来越得不到。为什么呢？因为对观众存在三个误区。

1. 观众喜欢听演示

做演示是一项辛苦的工作，听演示同样辛苦。观众需要听那些专业的术语，分析复杂的数据，还要花心思对你的演示进行点评。就像对待许多工作一样，人们宁愿选择逃避。所以，人们总是找各种借口不到场或者中途离场，找理由敷衍了事，或者坐在位置上发呆、聊天、打盹、看表、玩手机等。总之，乐在其中的人寥寥无几。

2. 观众无知

PPT已经融入我们的工作生活十多年了，连小学生都对它见怪不怪，因为它们上课会看到上面有可爱动物的课件，更何况是那些听过各种汇报、看过各种演示、做过无数次PPT作品的观众了。如果读者希望靠更简单和粗陋的PPT勉强交差蒙混过关的话，那就大错特错了。当我们完成每一份PPT时，都不能沾沾自喜，需要再修改、完善，再进一步努力，只有这样才能得到观众的赞许和喝彩。

3. 观众很闲

现代社会的工作节奏、生活节奏正逼着我们飞速地跑步前进。也许在听你演示的同时，你的观众还在回味刚刚召开的会议，还在思考接下来的谈判，还在琢磨周末的旅行，还在担心本月的工作指标，顺便心里抱怨你在浪费他们宝贵的时间……。不过，他们还是得坐下来听演讲，所以，即使你的演示再精彩、内容再深刻，也请你尽量压缩演示时间。正常情况下，一场PPT演讲最长不应超过30分钟，宁可让其意犹未尽，也千万别让其意兴阑珊。

此外在设计PPT时，还需要根据观众中决策者的个性特点来设计演示文稿，例如该决策者学历较高，则需要将该PPT的色调、文字、结构、画面、风格和演讲时间等都做一些针对性处理，才能够更多地增加演示的成功率。

1.2.2 关注PPT内容

在设计PPT时应尽可能多地关注幻灯片内容，无论文稿外观如何生动，若没有朴实无华的内容与构架当"基座"，而画面和动画又过于华丽的话，很容易带给观众虚有其表的感觉。

所以在设计商务PPT时，首先应将幻灯片的内容彻头彻尾整理一番，绘制出该PPT的结构以及每页草图，然后才可以开始具体的设计。商务PPT的常用结构有说明式、并列式、剖析式。

说明式多用于方案说明、课题研究、产品说明等场合，通过对物体的分析采用多角度进行解释，一般使用树状结构，清晰明了，且具有逻辑性。

并列式主要用于工作汇报、成品展示等，其内容较单一，在制作该类演示文稿时，只需在封面后按一定顺序并列显示内容即可。

剖析式主要用于咨询报告、方案介绍、项目建议书等，主要针对于内容的深度分析，一般是先引出问题，然后分析，提出解决方法，最后才是结论。

综上所述，PPT内容结构应以简洁为宜，反之则不能完全地表达演讲者思路，以至于观众也是一头两个大。

1.2.3 PPT风格的整体协调

PPT美观与否，其整体视觉效果的协调性非常重要，何为PPT风格的协调呢？总的来说它有以下几个方面。

1. 文字的协调

　　说到文字的协调，专业PPT文字应用是很考究的，在选用字体时应尽可能地结合PPT主题。例如政府机关使用的PPT，可选择一些视觉上比较有力量感的字体，如，方正粗宋简体。此外，在同一演示文稿中使用的字体种类不应超过3种，并且应该让相同层级的文字字体格式保持一致。

2. 色彩与版式的协调

　　除了文字的协调之外，PPT背景颜色也应保持一致，如果需要使用多种背景色，可以考虑使用近似色，以保持整体色调的平衡。通过使用幻灯片母版可以快速使演示文稿的版式统一，这点在之后的章节中会详细讲解。

3. 动画的协调

　　最后一点是动画的协调，动画是PPT的一个特点，所以在设计时应尽量保持动画的幅度与PPT演示环境相吻合，切换幻灯片时一般不宜使用过多动画，动画使用过多容易冲淡主题，反之，动画效果过少则会觉得缺少该动画的必要性。

1.3 PPT设计的一般步骤

看着白花花的工作界面，沉思……该从哪里开始？先输入内容再设计模板？先设置颜色最后再美化？其实应该在草稿纸上分析该PPT，然后才慢慢地进行设计与制作，PPT设计一般有五个步骤。

1. 目标分析

"人们无法走没有终点的路，但只要有了终点无论多漫长的路都可以到达"，通俗的来说，就是人们在做事的时候往往需要一个明确的目标，才能确定奋斗的方向，到达成功的彼岸。

PPT的制作也是如此，它需要先从目标分析下手，具体来说有分析PPT制作的目的、分析观众心理及个性特点以及演示环境的分析等。

从PPT的制作目的来分析，通常包括分析PPT的用途，比如是企业宣讲、产品展示、工作报告还是其他？其次需要对观众进行分析，也就是说站在观众的角度进行定位，比如观众是哪些人，他们的年龄、文化、职业决定他们会有哪些需求？这是重中之重。

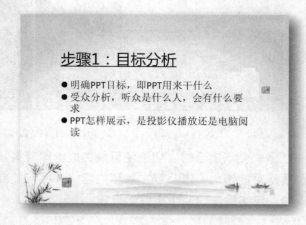

此外，常人在设计PPT时，常常忽略掉演示环境的分析，其实弄清PPT的放映环境是非常重要的，是会议室小环境投影放映？还是报告厅大环境投影放映？投影的效果如何？是否需要调整文字大小或页面设置来适应环境的变化？……这些对PPT展示有很大影响，需要因境而异。

◆ **电脑演示**：电脑演示是指演示者通过电脑屏幕针对极少数受众的演示讲解。

> 提示：电脑屏幕一般较小，所以PPT背景不宜过分复杂，以简洁的浅色背景为宜，画面清爽，图表立体，重点突出，文字不宜过大。

◆ 会场演示：会场演示是指演示者通过投影、大型显示器等大型显示设备以及话筒等声音设备与多位受众之间进行的演示交流。

> 提示：会场演示时，切忌使用纯白或纯黑背景，且内容与背景之间的对比度要尽可能增大，以凸显主题和内容，并尽可能减少文字、放大字号，根据经验，汉字需在14磅大小以上为宜。

◆ 剧院演示：这是一种近年来在欧美悄然盛行的演示方式。以剧院或大型会议室为空间，通过大型背投展示出来，环境灯关闭，演示者站在投影前并用聚光灯照射。

> 提示：剧院演示时，观众视觉高度集中，就要求画面务必生动、背景务必简洁、画面切换务必频繁。同时，尽可能减少文字，尽可能使用16：9的宽屏幕，以增强演示冲击力。

终上所述，只有通过这些目标分析，才能在设计PPT时踏出关键性的第一步。

2. 逻辑设计

专业PPT都有很强的逻辑性，这样才能在演讲过程中吸引观众。这里所指的逻辑性主要指单页幻灯片和整个演示文稿的逻辑结构。

整个演示文稿的逻辑结构前面进行了详细的讲解（详见1.2.2），它的结构方式主要有三种，说明式、并列式和剖析式；其次单页幻灯片逻辑结构也是必须的，它的逻辑结构主要有总分式、分总式以及并列式等。就像文章一样，除了文章的整体大纲要清晰，段落之间也要按照一定的逻辑结构，如总分式，第一句

提出结论，然后再分别论述；并列式则展示几个并列的不同项或者同一项的不同方式；分总式是先展开论述，最后得出结论。

以上这些结构在PPT当中都是非常实用的，掌握逻辑的设计原则，在设计PPT的大路上便踏出了关键性的第二步。

3. 布局设计

"知识是帆船，智慧是船底，要维持协调的比例，否则会翻船"，布局设计就相当于PPT的船底，所以掌握了逻辑的设计后，还需要对演示文稿的布局进行设计。通常是在纸上画出布局草图，大致地确认每页幻灯片主题以及内容，以及用什么方式进行展示，比如是只放纯文字呢？还是放些图片？还是其他的视觉要素呢？……

布局的设计主要是为版面设计做铺垫，能够更好地确保PPT的条理性。

4. 版面设计

通过前面的分析与构思，下面将进入PPT的具体制作环节——版面设计，版面设计阶段，主要分为三个方面，文字设计、图形设计与色彩设计。

在文字设计时，改变那种长篇大论的"录入与复制"，大胆删除那些无关紧要的内容，尽量地精简文字，然后将文字的层次结构清晰地展现出来。当然，可

能刚开始会很不习惯，不过，千万别放弃，总有一天会让你的观众赞不绝口。

需要注意的是，无论你的文档是书面报告还是演讲辅助，建议不要在一个页面上写过多的要点，为了帮助观众吸收PPT的内容，在设计文字内容时有以下几个小技巧。

◆ 一条一条地显示要点。

◆ 使用备注。

◆ 拆成多个页面。

◆ 分栏排版。

　　PPT内提供了很多现成的形状，比如箭头，禁止符号等，可为PPT的制作节省很多时间，而且形状的颜色、大小都可以根据实际需要随意地调整。

　　在版面设计时，需要深入地理解文字内容，若有可以用图形代替的文字，直接用图形表示会更加直观。

　　在设计色彩时，可以在母版视图中设置好整体效果，然后在普通视图中进行局部调整。比如，在选择背景时，需要注意背景颜色是否与内容有关？是否影响内容的阅读？

提示：在设计颜色时还可以参考某些知名网站主页，他们的页面设计全都是专业人士精心设计而成的，照搬过来，准没错。

5. 风格设计

PPT制作完成后，需要重新审视演示文稿的整体风格。比如，演示文稿的整体页面效果有没有和PPT内容混搭？是否符合企业的视觉形象？是否能够更好地展示企业的品牌效应……

如果出现以上疑问，不用担心，只需要对完成后的PPT进行整体的风格设计就OK了。风格统一主要有两个方面，一是通过添加某些元素促使整个演示文稿的统一，比如将企业的Logo、口号等添加到幻灯片的页眉处，然后添加页码等。另一点是细节的美化，比如将各个页面相同等级的内容字体设置为同一样式，以及各页面的页边距、对齐方式也设置为一致。

看到这里你可能会有疑问了，要是在很多页面上添加相同的元素，是不是要复制和粘贴N次才能完成呢？

当然复制和粘贴是一种方法，不过颇耗时，下面介绍一个比较常用的简便方法，单击"视图>幻灯片母版"命令，然后在这里只需添加一次，即可将某元素同时运用到多个页面上。

综上所述，PPT的设计从细微点分可以分成这5个步骤，此外从大体上来说还可以分为理解、构思和制作者三个步骤，当然不管是5步，还是3步，每个步骤之内又包含了多处细节。总之在设计PPT时，首先进行定位分析，然后分析演示的听众和环境，接着构思演示文稿的逻辑结构，设计布局，并收集好相关素材，完成后进入PPT的制作阶段，比如版面设计、风格统一美化。

> 提示：在进行PPT整体设计时，建议尽量保持页面的整洁与清爽。

1.4 幻灯片制作原则

> PPT的终极目的就是把发表者设定的内容准确地传达给观众，为了让其更加尽善尽美，除了在制作过程中依照前面所描述的五大步骤以外，还需要在设计或制作的过程之中多留意5点原则，它必修直你制作PPT的歪斜之路。

1.4.1 重点突出原则

Power是有能量、有力量的意思，而Point则是点的意思，两个单词加在一起直接翻译就是有力量的点，即重点，从意义上来说给人感觉就像拉弓射箭，要一矢中的。

所以，我们用这个软件制作幻灯片就应该重点突出、观点鲜明，这个原则是5条原则之首，也是制作演示文稿时最重要的原则。若把每张幻灯片的内容类比成Word文档，那么一张幻灯片就相当于Word文档的一个章节，每张幻灯片都应该有一个观点，在阐述观点时还应该突出重点地进行展示。

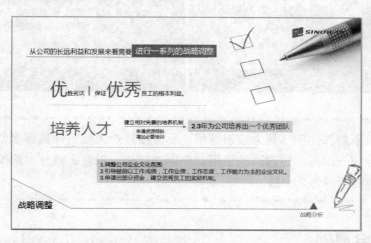

如上图，该张幻灯片将其重要的文字突出显示，这样文字内容并没有变化，但是一张优秀的幻灯片就诞生了。

1.4.2 移动原则

移动原则有两层意思，第一是要做出动感的幻灯片，动感和表现力可以为幻灯片加很多分，在PPT中可以将文字和图片制作成动感表现力的效果；第二就是幻灯片放映时要让观众的视线随演讲人的思路移动，也就是说，不要在放映时让所有的幻灯片内容都呈现出来，而应随着演讲人的介绍一步一步地出现。

1.4.3 统一原则

统一的外观、配色、背景和Logo，会给观众一种正规、专业的感觉，所以，正式的演示文稿往往都会设置和应用统一的幻灯片母版或演示文稿模板（关于PPT模板将在下一章详细讲解）。

这里所讲的统一，不是从头到尾完全的、绝对一模一样的，而是相对的。例如，在介绍某个产品时，风格、色调、标题文字的格式等应该统一，而对于整个演示文稿来说，标题封面幻灯片、目录摘要幻灯片、内容幻灯片和片尾幻灯片，则可以在统一的基础上进行变化。

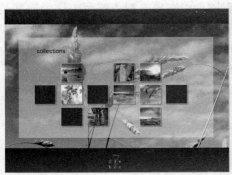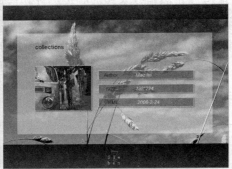

提示：若所制作的PPT是为培训而用，尽量根据个人喜好保持整个幻灯片内容的部分统一即可，过渡页的使用、色彩的变化，以及人性化、趣味化图片都能让学员精神为之一振。

1.4.4 结合原则

PPT最典型的一个特点就是具有视觉效果，也就是把文字翻译成图片，因为人

天生就具有视觉思维的能力，所以这是一个非常容易的过程。

如下图，可以发现该幻灯片内用图片提示了一部分文字，这样就使得画面更加丰富有趣，更易理解。

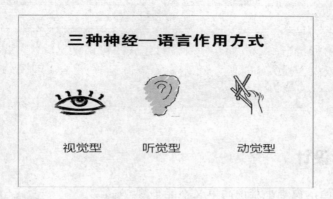

1.4.5 形象、生动原则

为了能让观众更长时间地记住幻灯片内容，在设计幻灯片时，应尽量采用简洁的风格，而且尽量避免过多的文字。所以，在幻灯片中介绍事物之间的关系时，能用图形来表达，就不用文字描述；在分析数据结果时，能用表格来表达，就不用文字，能用图表来表达，就不用表格。

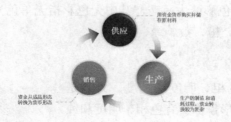

除了数据的图像化，在制作某些宣传类PPT时还可以根据文字内容选择相应的图片。譬如，若是和摄影有关的内容，添加相机或被拍摄的主题；譬如一些哲理的话，若和相应的图片搭配在一起，会更加打动人。不妨收集一些自己喜欢的名人名言，然后为他们搭配上合适图片，变成自己的资源库，在以后设计PPT的时候，便可拿来即用，为PPT增加亮点。

1.5 色彩与布局

> PPT的色彩与布局，在整个PPT设计过程中可谓举足轻重，选择的背景颜色要与文字或内容相关，若是为公司制作的PPT，则需要参考网站或公司Logo决定颜色。

1.5.1 色彩设计

色彩这东西，说难不难说简单又不能小觑，在设计色彩之前，还需要对色彩有一个系统的理解，比如色彩的范畴是啥？色彩的三要素是什么？不同色彩又具有哪些意象？这些统统都需要理解，不求全部理解透彻，但求了解个七七八八，也会对之后PPT的颜色设计有好的帮助。像这种万年不变的类似课文的知识，看起来会觉得很无趣，但是基础很重要。下面我们就来看一看。

1. 色彩范畴

色彩分无色彩与有色彩两大范畴，其中无色彩指无单色光，即黑、白、灰；有色彩指有单色光，即红、橙、黄、绿、蓝、紫。

2. 色彩三要素

色彩三要素就是色相、明度和纯度。只要是视觉感知到的一切色彩形象都具有色相、明度和纯度3种属性，这3种属性是色彩最基本的构成元素。

什么是色相？直接说就是肉眼所看到的颜色，比如红、橙、黄、绿、青、蓝和紫等。在演示文稿的色彩设计中，需要充分考虑文稿的内容，再根据演示目的和对象慎重地计划色相，然后才能统一标题和文本内容的色彩。换言之，只有建立整体

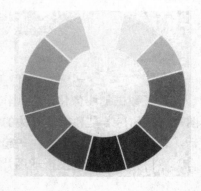

的色彩计划，才能提高演示文稿的设计质量。

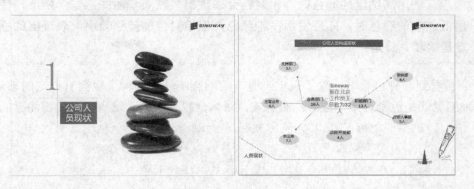

提示：在演示文稿的色彩设计中，使用较多的相似色会表现出柔和而精致的感觉；相反使用较多的相对色或互补色会表现出绚丽而生动的感觉，但会出现混乱的感觉。

　　明度，色彩的明暗程度，不同的颜色，反射的光量强弱不一，因而会产生不同程度的明暗。比如白色，比如黑色，一明一暗。在PPT中色彩的明度决定演示文稿色彩设计的强弱，并影响文本的可视性和可读性，所以色彩明度选择需谨慎。

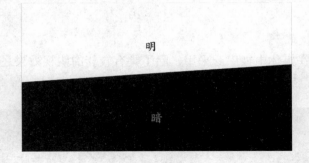

提示：在一个演示文稿中明度差别较小，会直接导致色彩之间的区分模糊，容易让人感觉生硬、沉闷。

　　纯度，即饱和度，就是一种颜色中是否含有白或黑的成分。混入白色，纯度升高；混入黑色，纯度降低。

> 提示：使用高纯度的颜色时，相对色会表现出强烈而华丽的感觉；相反，使用低纯度的颜色时，即使使用多种颜色，但相对色的差别较小，表现出的感觉是柔和、舒适。

当看到一种色彩时，除了视觉上有一定的影响外，心理上也会有一定的感觉，这种感觉就是色彩意象，理解色彩意象，对观众投其所好，这点也是值得注意的。

◆ 橙色：这种颜色其实很有趣，它的特性是明亮活泼，比如太阳、橙子……，但是，如果配色不当很容易给人负面低俗的意象，常见于服饰的搭配上。所以在运用橙色时，要注意选择搭配的色彩和表现方式。

◆ 红色：这种颜色是很容易引起注意的颜色，所以如果偶尔自我显示欲大爆发，可以考虑穿个大红色衣服到大街上游荡，绝对能赚到足够的眼球，不过顺便提醒一下，该类事宜昼不宜夜。

此外，红色在媒体中被广泛采用，除了具有较佳的明视效果之外，更被用来传达有活力、积极、热诚、温暖、前进等含义的企业形象与精神。

◆ 黄色：象征着辉煌、年轻、权利、财富、智慧和希望等。明视度很高，在工业安全用色中，可以理解为警告、危险色，常用来警告、提醒危险或注意。

上面这几种颜色，都是给人热乎乎感觉的暖色调代表，需要强调的是这几种颜色在稍年长的人之中很受欢迎。

◆ 绿色：这种颜色予人之感，看看大自然就知道了，它通常具有清爽、理想、希望、生长与和平等意象，符合服务业、卫生保健业的需求。比如一般医疗机构场所，常用绿色作为空间色彩，给病人一种生活的希望；对大部分时间都奉献给电脑的人来说，偶尔看看绿色还有缓解眼疲劳的作用。

◆ 蓝色：它具有博大、沉稳、理智和准确等意象，因此在商业设计中，需要强调科技、效率的商品或企业形象，大多会选用蓝色，如电脑、汽车和摄影器材等。此外蓝色还具有忧郁的意象，因此在文学作品或感性诉求的商业设计中通常会用到。

下面这几类颜色需要格外注意了，这几种颜色在商业PTT中可是经久不衰的长青色，而且在生活中的应用也十分普遍。

◆ 黑色：具有神秘、高贵、稳重和科技等意象，是许多科技产品的用色，如电视、跑车、摄影机和音响等。此外它还具有庄严的意象，在一些特殊场合的空间设计中也比较常用，生活用品和服饰设计大多会利用黑色来塑造高贵的形象，适合与许多色彩搭配使用。

◆ 白色：纯白色通常会给人带来寒冷、严峻的感觉，所以在使用白色时，都会掺一些其他色彩，如象牙白、米白和乳白等。具有高级、科技和纯洁等意象，通常需要和其他色彩搭配使用。

◆ 灰色：具有柔和、高雅的意象，而且属于中性颜色，男女皆能接受，所以灰色也是永远流行的颜色之一。许多高科技产品，尤其是和金属材料有关的产品，几乎都采用灰色来传达高级、科技的形象。此外，灰色和一些鲜艳的暖色搭配，会呈现出冷静的意境。

第01章

提示：黑、白、灰，这三种颜色是永远流行的颜色之一，所以非常符合大众口味。

◆ 褐色：在商业设计中，褐色通常用来表现原始材料的质感，如麻、木材、竹片和软木等，或者用来传达某些软品原料的色泽即味感，如咖啡、茶等。

◆ 紫色：由于具有强烈的女性化性格，紫色在商业设计用色中受到相当的限制，除了和女性有关的商品或企业形象之外，其他类的设计一般不用其为主色。

1.5.2 常见配色问题

颜色这个东西，在PPT里还真是个大事，有了前面长篇大论的三原色、色相、饱和度做铺垫，再进行配色确实会简单不少。

此外，这里在提供一些配色技巧，直接提升你的配色能力。PPT中常见的配色问题，不外乎三种颜色不好看、看不清、看不了。掌握应对这些问题的技巧，就能对症下药了。

1. 不好看

一般人在制作PPT时，往往随意而为之，将自己喜欢的颜色一股脑地全部放上去。比如，绿色、蓝色、紫色这些都喜欢，于是做一个页面底色为浅绿色，文字深绿色和紫色，背景再加点儿蓝色调，就像下图这样。

虽然这年代很流行混搭，不过以个人角度来说，那是常人无法理解的一种美，PPT呢，就像一个百变的小姑娘，可以热情如火，皎洁如月，神秘如夜，就是不能让它像春天里的百草园，红的，绿的，黄的……五颜六色的PPT，会让观众在感叹大自然的丰富多彩的同时，也会无情地把这样的外观直接PASS掉。所以在设计幻灯片颜色时，用尽可能少的颜色。

2. 看不清

PPT中的背景不适合使用多种颜色，如下图所示，背景和文字没有明显的对比，几乎融为一体，导致文字阅读非常不便。

改变左侧的单色背景，然后改变文字颜色，文字是不是清楚了很多！

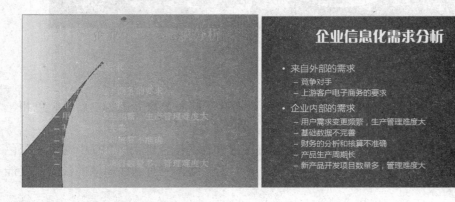

提示：背景和文字颜色都可以根据喜好进行调整，但是保证文字的可读性是最重要的。

3. 看不了

有些幻灯片的颜色搭配非常刺眼，在演讲之前就已经引起观众的抵制情绪，于是观众看了一眼，不想看第二眼，如下图左所示，红底配上绿字和黄字，看多了眼睛会很难过的。

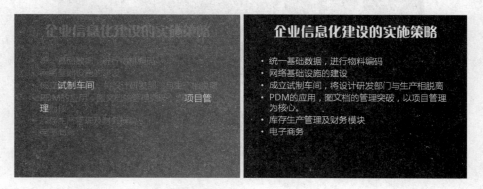

改变文字，黑底白字，看起来舒服多了。

色彩常见的配色问题主要有以上三种，如果想完全杜绝该类问题的出现，这里推荐几种比较实用的搭配。

◆　白底黑字。
◆　蓝底白字。
◆　灰底白字。
◆　黑底白字。

总之，**PPT**最主要的就是以观众的角度出发，在完成PPT配色之后，以一个观众的立场再来审视一遍，天生的审美力会告诉你是否有不足之处。

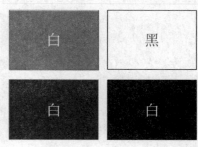

1.5.3 布局小·技巧

根据最终成品、观众人数和提案方法等各种因素的不同，幻灯片的布局主要有网格线、格式、页边距。

1. 网格线

编辑幻灯片时，为了精确地计算段落或行间距、文字和图形的位置及间距，保证页面具有一致性，可将网格线显示出来，在PowerPoint窗口中切换到"视图"选项卡，然后选中"显示"组中的"网格线"复选框即可，千万不要小看网格线，在绘图的时候可是大有用处呢！

2. 格式

幻灯片格式是指幻灯片的大小、方向及必要的幻灯片张数等最终成品的状态。在进行设计前，需要预先确定演示文稿中幻灯片的以下格式。

◆ 幻灯片大小：PowerPoint 2013 默认页面大小是16：9，如果需要更改为其他大小的页面，可以在"设计"选项卡的"自定义"组内进行设置。

◆ 幻灯片方向：在大规模演讲中，使用投影仪进行演讲时，演示文稿幻灯片最好采用PowerPoint默认的横向方向。如果需要打印到纸上，最好采用纵向方向。

◆ 幻灯片张数：为了便于进行演示，需要事先确定必要的幻灯片张数。

3. 页边距

幻灯片的页边距是指幻灯片中没有放置文本、图形等元素的空白空间。在制作幻灯片的过程中，不应该使文本和图形充满幻灯片的整个页面，而应该留下适当的页边距，这样可以使幻灯片看起来更加美观，而且可以更轻松地控制幻灯片的内容。

第
一
部
分
　
基
础
与
经
验
篇

模板设计是PPT制作过程中非常重要的一环，利用它能够快速地统一幻灯片的内容、样式、配色等，换句话说，也就是PPT的整体风格其实都是模板说了算！

省心省力的PPT模板

2.1 关于模板

PowerPoint内置了许多经典的主题样式，这些主题样式就相当于以前版本中的模板，每次新建演示文稿，在打开的页面中会提供多种模板供选择，除了传统的"空白页"模板，还有各式各样的模板，选择适合的主题，模板立刻大变样。

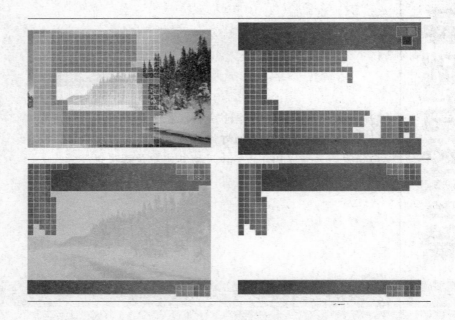

2.1.1 PPT页面布局设计

PPT的页面布局，简单地说就是页面中对象和各元素之间的位置安排，看起来简单，真正做起来却实属不易，一般人在幻灯片设计时，很容易忽略版面的布局，往往随其所好，任意为之。PPT的美观与否，观众第一眼就能很直接感受到，设计者是良苦用心？还是敷衍了事？先问问自己。

页面的布局，总的来说并非一成不变，但遵守一些规律的话，总会省时省力不少。

1. 水平分割

　　水平分割是最常见简单而规则的一种编排类型，也就是按照从上到下、从左到右的顺序进行排列，这种编排方式很符合大众的阅读习惯，所以阅读效果很不错。但是，这种布局比较常见，看得多了，对观众来说会觉得不够新颖，缺乏创意，甚至导致视觉疲劳。

　　若该页面为纯文本型的水平分割，整个页面一般也就两大块，标题区和内容区，在设计这类页面布局时，需要注意两个细节之处。

　　◆　　适当的段距

　　◆　　简单的线条装饰

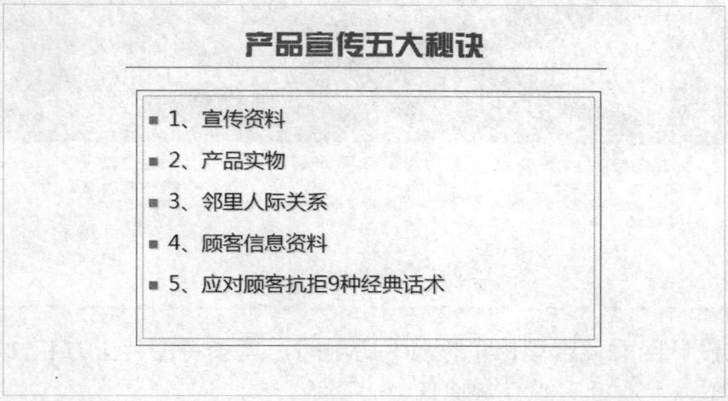

　　纯文本型PPT制作出的页面往往比较素雅，简洁。如果设计者更钟情于看起来有分量的风格，可以使用色块将区域的版面进行分割，如下图所示，使用黄色填充文本框将其分别隔开，很容易就能理解这是多个并列的内容。

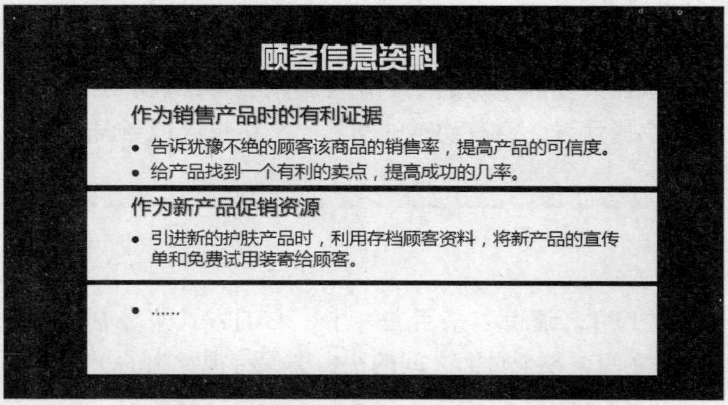

提示：在使用色块分割版面时，需要保证分割版面的简单美观，并注意色块、背景以及文字颜色的选择。

水平分割时，若有图片的存在，图片通常为横向型，在文字块的上方或者下方，文字的排版方式则需要根据实际情况自由设置了，比如，分栏排版。

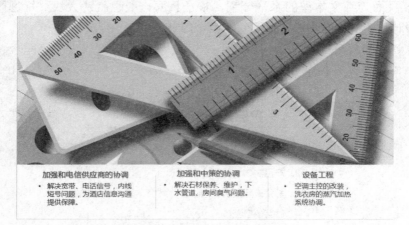

提示：在设计图文混合型PPT的水平切割时，建议将图片上方和文字下方预留适当的空白，有助于观众将视觉中心聚拢。

综上所述，图文混合型PPT的水平切割主要有以下两个要点。

◆　版面的水平分割。
◆　适当的页面留白。

提示：水平分割给人安静平稳的感觉，但稍稍显得呆板了点儿，所以在选择图片时应尽量选择活泼、富有动感的图片。文字也应适当偏多一点，并注意版面的调节。

2. 垂直分割

以文字为主的PPT，还可以采用左、中、右的方式来分割页面，需要注意的是，文字与文字块之间、整个页面之间的空白要保持视觉上的平衡。

　　此外，垂直分割中有一种左右式分割的排版方式，在视觉上会给人肃穆崇高之感，下面进行详细的讲解。

　　图文混合型PPT中，左图右文也是较为常用的一种版面。

　　提示：以左右分割方式进行排版时，若使用两侧阴暗对比的设计，效果更明显。

　　若PPT中需要添加的图片较多，仍可按左、中、右的方式将整个版面垂直分割。

提示：该类版面需要注意图片边缘的对齐以及页面的适当留白。

通过前面的描述，总的来说，图文混合型PPT的垂直分割主要有以下两个要点。

◆ 多种垂直分割方式。

◆ 图片率决定版面舒适度。

3. 斜向分割

在某些时候，为了使PPT的页面视觉效果更具动感，可将图片倾斜放置或将画面斜向分割。

如下图所示，该页面中用色块将整个版面分为3块，有没有觉得整个版面给人不一样的感觉呢？

第02章

> 提示：色块只能简单地分割斜向版面，且在设计版面时文字应与版面保持和谐。

在商务型PPT中，斜向版面运用较为广泛的是图表或图形，譬如，代表业绩上升的箭头斜向分割，一般情况下图形分割只需要利用图形本身特点自然分割版面就可以了。

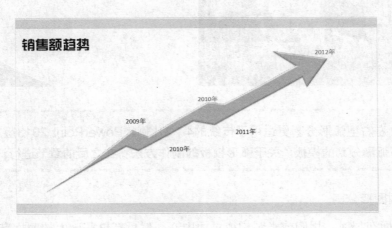

4. 弧形分割

在模板设计时，选择弧形风格的版面会给生硬的模板添加几分意料之外的柔和与动感，且该类版面样式很受观众喜爱。

看看下面的图片，这是一种常见的上下弧形分割的模板，从形状和颜色上来说具有一定的和谐性，但又有微妙的区别。

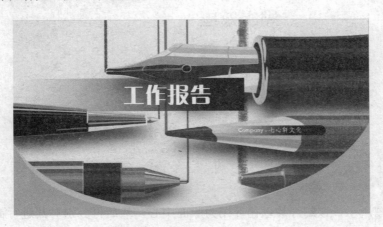

此外，还有左右弧形分割，标题页与内容页整体采用左右的弧形分割，该类分割方式在商务模板中使用较广。

> **提示：** 左右型弧形分割更适用于传统的4∶3比例，PowerPoint 2013版本更适用上下弧形分割的模板，关于弧形模板的制作方法将在之后的章节进行详解。

5. 圆图形分割

在页面布局时，用圆或半圆构成页面中心，然后在该基础上按照标准型顺序安排标题、说明文字和标志图形，以吸引观众视线。

图片或重点突出的元素配置在画面的中心，会起到强调的作用，如下图所示，该幻灯片将视觉中心以圆形居于左侧偏上的位置，文字置于右侧靠下位置，给人和谐之感。

如下图所示，该幻灯片以循环图为版面中心，然后再分别对其进行简单扼要的

文字说明，这也是典型的圆图形版面。

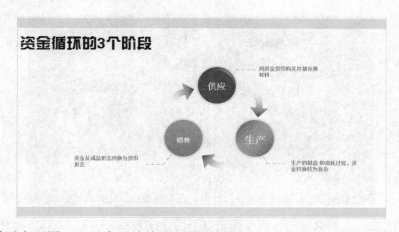

通过以上两图，可以直观地找出圆图形版面设计时的注意要点。

◆ 视觉中心突出。

◆ 适当的留白。

◆ 版面的平衡。

6. 棋盘型分割

棋盘型分割，就是将版面划分为棋盘一样的格式，也就是版面被全部或部分分割成若干等量方块，该类分割方式适合多图展示或多图排列的情况。

如果一个页面需要展示多图，或者图片大小或数量不能够完全构成对称排列，使用棋盘式排列绝对是个不错的选择。

看看下面这张图，图片与空白区域形成了棋盘式的布局，内容丰富，却不会给

人拥挤的感觉，如果是将企业Logo排列成该形状，一定会很棒的！

综上所述，在棋盘分割时需要抓住以下两个注意点。

◆ 版面色彩的协调。

◆ 图片的秩序分布。

7. 散点型分割

散点型版面是指将PPT的构成要素在版面上做比较随意的摆放，不过在编排时需要留意图形或色彩的相似性，在随意的基础上加上共同点，避免视觉上的杂乱无章。

散点型页面适合用来表示相关联的几个不同事物，或者同一事物的不同方面，如下图所示，随意排列的几个图形表示相关的同类事物。

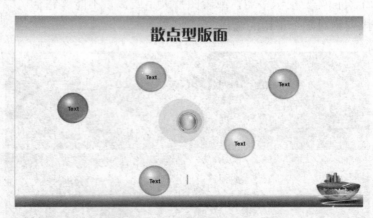

总而言之，在设计散点型版面时需要留意以下两点。

◆ 散点之间形散而神不散。

◆ 保持内容与留白的平衡。

PPT页面布局，大致来说也就以上7种，在设计PPT时根据内容选择合适的页面布局，是能让观众一步三回头的。

此外，近来越来越多的场合开始使用另一种全图形版面，全图形版面不存在页面的分割问题，不过平时多多收集好图，布局该类版面时再稍微注意图片的留白平衡，基本上没有大的问题。

2.1.2 概述页与章节的微处理

PPT的概述页和章节是PPT结构的一部分，概述页主要包含封面和目录，而章节就好比PPT的一个指南针，对它们进行一些精细的处理后，能够更灵活地服务于PPT。

1. 封面

就像电影需要宣传海报才能大热，书需要封面才能大卖一样，PPT也需要一个封面，且PPT封面在整个PPT中有举足轻重的地位。它是观众对PPT的第一印象，封面内容包含标题、作者、公司和时间，关于PPT的封面设计主要有以下两种类型。

◆ 纯文本。

◆ 图文并茂。

纯文本的封面最容易制作，直接把PPT标题写上就可以了，除此之外再无其他，画面简洁明了，重点也足够突出。当然加上作者名字和时间也是可以的，不过需要注意标题应该是最明显的。

和文字型封面比起来，图文并茂的封面应用更广泛一些，制作封面时，若使用现成模板，一定要保证该模板与标题的相关性。

2. 目录

翻开封面，就进入到目录部分了，目录的作用就相当于一个梗概，把这份PPT的大体内容告诉给观众。在一份内容较多的幻灯片中，一定要使用目录，不然观众很容易一头雾水。PPT的目录设计大致有以下几种方式。

◆ 纯文本。

◆ 图文并茂。

◆ 数字变换。

最简单的目录就是纯文字的目录，也就是直接以文字的形式写上内容，也不需要花太多精力进行复杂的设计，直接把各要点罗列其上即可。不过需要注意目录的标题文字与各要点文字之间的字体搭配要和谐统一。

若嫌弃文字目录过于朴素，还可以采用图文并茂的方式让目录变个花样，也就是先写上内容，然后再找到相应图片进行视觉上的辅助。

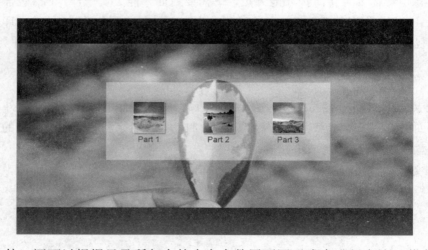

此外，还可以根据目录所包含的内容个数用不同形式来进行表达。若有3个内容，通常可以按照从上到下、从左到右的排列方式进行排列，这两种排列方式占据的空间位置很大，会让人看起来比较显眼。

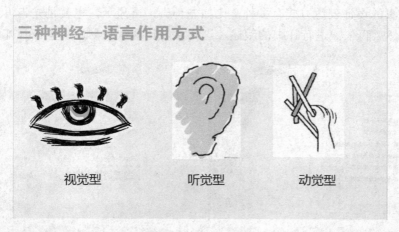

当然，还可以使用三角形的排列方式，这样画面看起来会很饱满。

　　若目录包含4个内容时，将其按照从左到右或从上到下的方式进行排列都可以；若目录比较多，如果使用纯文字型目录，字就会变得很小，此时可以将画面平均分配，分成6份或者12份。

　　那如果有10个内容呢？排成上下两排或左右两排都是很不错的设计。至于其他，平时多看看别人的作品设计，等到需要时自己稍微借鉴一下就可以了。

　　3. 章节

　　新颖的章节设计会为PPT大大增色，它在PPT设计中也是非常重要的，同时也最容易被我们忽视，PPT页数较多并分成多个部分时，提供章节页是必要的，好的章节页设计能影响观众的倾听意愿。

　　　章节页的设计表达方式有多种,比如先预告,再显示,也就是先告诉观众有哪几部分,然后再依次进行详细的叙述,这样才能让观众轻易地从整体到部分地了解PPT内容。

　　　还有一种章节页是数字标志,这种方式在网页上也十分常见,也就是在画面的某位置写上全部的数字序号,讲到哪里就把那个数字突出显示。

2.1.3　结束语表达出作者感恩

　　　以前听过一个故事,讲的是一个脾性消极的人,万事皆以消极之心视之,身边的人看不过,于是给了他一个建议,让他每天找出一件值得感谢的事,无论事大事小。你猜这人最后变成了啥样?这人按着做了,随着时间的流逝竟不自觉地变得自信,积极了起来。

　　　看吧,这感恩之心多么重要。你那PPT是糟粕也好,精华也罢,没有一个观众有绝对的义务听你的PPT。听了大半天的演讲,看了一张又一张的幻灯片,在结束时一句简单的"the end",观众会立马有解脱的感觉。但是从心里层面上来说,谢谢就不一样了,被人感谢是件很快乐的事,如果加上对观众真心实意地致谢,说不定因冗长演讲而疲惫的心可以瞬间得到医治。

感谢不是疏远，而是对对方付出的一份肯定，所以今后在PPT的结尾多多表达一下自己的感恩之情吧！就像在万千书海中，你千挑万选，选择了这样毫不起眼的一本书，我呀，可是非常感谢阁下的知遇之恩，先谢谢了。

关于PPT结束语，它不像数学题，并没有标准的答案。除了感谢之外，还可以有其他各式各样的结尾方式，常用的一些结尾方式主要有以下几种。

- ◆ 联络方式。
- ◆ 鼓励的话。
- ◆ 名人名言。
- ◆ 感谢参与并附带Q&A。

2.2 模板微创意

絮絮叨叨了那么多，除了自己动手制作模板之外，模板还可以从网络而来。当然后一种方法更便捷，先推荐几个下载模板的常用网站。

- ◆ http://www.51ppt.com.cn/
- ◆ http://www.3liam.com/
- ◆ http://www.pptbz.com/

不过需要注意的是，好的模板，到处都能下载，需要时也就图个省时省力拿来就用。看看自己的PPT展示，PPT绝对OK，演讲OK，结束时再看看面前的观众，昏昏欲睡，想入非非。怎么这样！实在气不过，礼貌性地问问前排观众，恍然大悟，原来这PPT样式观众上周看过啊。看吧，在PPT里"撞衫"也是大事儿。

所以为了让千篇一律的模板更具个人特色，来点微创意吧！

2.2.1 模板修改信手擒来

PPT"撞衫"了，怎么办？改一下就行了，倒不是非要变成没有一点相似之处，那样伤神又费时的。只要掌握一定技巧，小变大不变就行了。

此时PowerPoint 2013的优点就凸显出来了，在"设计"选项卡的变体组中即可快速地更改模板颜色、字体、效果和背景样式……

2.2.2 让模板有新变化

要让自己的PPT和别人的PPT永不"撞衫"，又要兼具个性，最直接的方法就是自己设计模板，虽然一时半会儿还设计不出专业的模板，但只要稍微地处理一下，保证能让你的模板更具个性。

第 02 章

1. 颜色与形状的改变

模板到底是由什么构成的呢？大多数的模板都是几何图形的组合，就是把不同的形状配上不同色彩梯度，然后组合在一起。这样的模板看起来简单朴素、美观大方，颜色搭配也比较容易，一个模板能够适用于多种场合。

看看上面两图，有没有看出什么门道呢？

对于这种组合型的模板，我们可以通过简单的变化将其改为独具特色的个性模板。除了在"设计"选项卡内，通过"变体"组改变形状样式外，还可以在"视图"选项卡中进入母版视图，在母版模式下把这些图形拆开或剪裁成独立的图形，然后根据需要移动到合适的位置。

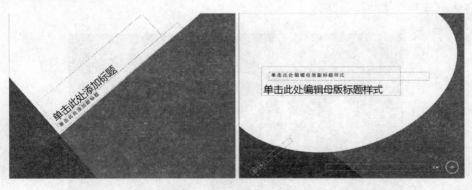

经过以上这些变化，你的模板就稍微有了一个个性化的初始形态，如果想要更具个人特色，平时应对图形的组装和拆分有多一点的练习，所谓熟能生巧，这样它才会越来越符合个人习惯，也不会再和别人的PPT"撞衫"了。

2. 照片做模板

图形组合型模板虽然有很多优点，但美中不足的是它很难烘托主题，不能完全体现作者的风格。这时候，就需要采用图片来作为模板背景了，图片背景设计起来也很简单，在底色上加一个能衬托主题的图片来平铺背景即可。

需要注意的是，用图片做背景虽然很有质感，但是要注意不要选择以下两类图片。

◆ 水印效果的图片。

◆ 五颜六色的图片。

设计是一个不断摸索的过程，相信随着时光的流逝，你的设计水平一定会提高，思路也会越来越清晰，越来越广。

第一部分 基础与经验篇

文字是PPT最重要也是最基本的几个元素之一，它在一定程度上决定了PPT的精美程度。大多数人都误以为PPT的文字设计就是简单地变变字号、换换字体，最多再加一个横竖文本框……。其实对文本进行组织和美化才是最重要的。甚至为了使幻灯片看起来更具特色，还需要熟悉文字的编辑以及排版技巧。

文本型PPT

3.1 文本初步编辑

> 文本在PPT内通常只有提示、注释和装饰的作用，所以在输入文字后，凡是不属于该类作用的文字都应予以处理。

3.1.1 两种文本框

PowerPoint的文本框有默认文本框和自定义文本框两种。新建一个PPT文档时幻灯片上自动出现的文本框就是默认文本框，它主要包括标题框和内容框；而自定义文本框则需要通过工具栏上方的"插入"选项卡进行手动插入。

1. 默认文本框

在做纯文本的PPT时，使用默认文本框是非常合适的，而且制作起来也很方便。在母版视图里可以对文本框中的文字进行统一编辑，如果文字过多字号也会自动调整。

为畏生型客户提供销售

- 畏生型客户的表现

- 畏生型客户的心理分析
  - 对自己的能力缺乏认识，低估自己
  - 急于逃脱型
  - 需要关怀照顾型

- 为畏生型客户提供销售的技巧

不过默认文本框中的文字往往缺乏个性，文字格式也比较单一，所以在该类幻灯片中进行图表、图片和动画设计就不容易了。若需要更换模板或将文本框复制到另外的PPT内，所有文本都会换成新模板里的默认效果。

2. 自定义文本框

如果想要制作效果精美的PPT，推荐使用自定义文本框，该类文本框设计便捷，通过复制、移动等操作可以制作各式各样的效果，而且和图表、图片、动画等配合使用也比较方便。如果需要更换模板或复制到另外的PPT内，所有文本效果将保持原有状态。

在选择的自定义文本框上单击鼠标右键，在弹出的快捷菜单中可将该自定义设置文本设置为默认格式，这样再次插入文本框时，就不需要再次编辑了。

3.1.2 统一多处文本格式

专业PPT文字应用是很考究的，在选用字体时应尽可能让相同层级文字的字体格式保持一致，所以在设计PPT前应在母版视图中统一好字体格式。

不过百密一疏，误差也是不能避免的，如果事后检查发现多处文字格式不统一的话，还可以使用以下两个技巧快速地统一多处文本格式。

◆　大纲视图。

◆　格式刷。

如果需要在大纲视图下统一多处文本格式，需要先在"视图"组中进入大纲视图，即可看见该PPT中所有内容都显示在该窗格内，再按住"Ctrl"键不放，用鼠标逐一拖动，选择需要同时修改的多个文本，最后在"开始"选项卡下对选中的所有字体进行统一格式设置即可。

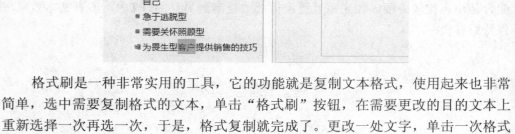

　　格式刷是一种非常实用的工具，它的功能就是复制文本格式，使用起来也非常简单，选中需要复制格式的文本，单击"格式刷"按钮，在需要更改的目的文本上重新选择一次再选一次，于是，格式复制就完成了。更改一处文字，单击一次格式刷就可以了，更改多处文本格式，双击格式刷更方便，不过用完之后不要忘了再单击"格式刷"一次。

- 根据特钢协会成员单位统计（约占全行业总量70%），200 吨，比上年增长8.7%，其中优钢产量约930万吨，比上年增量预计可达1500万吨（材产量大于钢产量主要是有些企业轧而外购或进口钢坯轧材）。
- 目前，国内特殊钢材在国际市场上的竞争力是微弱的，国内落后，其竞争力远不如国外，如钢的纯洁度是特殊钢重要的材性能的决定因素之一，如钢中的含氧量。又如表面质量及控制十分严格，目前国内只有个别企业可以达到。

3.1.3　文本错落有致

　　文字之间若排列过于紧凑，会让观众觉得压抑，设置适当的段落距离，能够增加幻灯片的美观性。

3.1.4 让PPT更整齐

　　项目符号是放在文字前面的导引符，一般放在简短的文字之前，有引导和强调的作用，能够吸引观众注意，同时逻辑关系也比较清晰易懂，如下图所示。

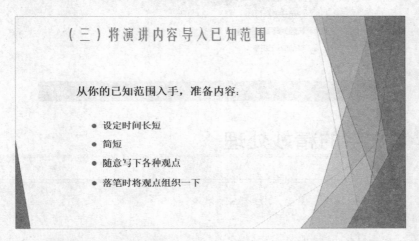

　　原始的项目符号主要是预设的"点"、"圈"等样式简单的图形。选择文本后，在"开始"选项卡的"段落"组中即可找到这些简单的项目符号。

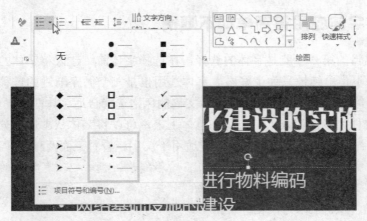

　　此外，还可以使用一些立体、精美的图片来制作项目符号，这样的项目符号会直接增加整个画面的美观性。一般直接复制图片，然后在PPT内粘贴，适当地更改其位置和大小，操作起来也十分方便。

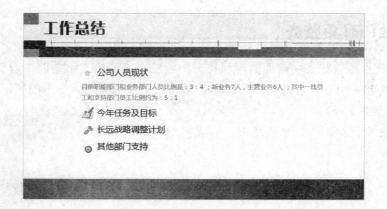

3.2　文字的精妙处理

> 文字与图片在PPT中可以说是互补的，从某种意义上来说图片具有一定的抽象性，不同的人对同一张图有不一样的理解，这时，为了定向地引导观众就需要使用文字帮助自己把信息传达给观众。

3.2.1　让字体应用得简单却不随便

文字编辑的第一步就是字体的选择，在选择字体前，建议将字体的阅读性放在第一位，而不是单纯地只为了好看。字体选用也是一个循序渐进的过程，需要掌握一些常用字体的风格，然后再根据演示文稿的风格选择合适字体即可。

字体的种类多得让人眼花缭乱，总体上来说可以将字体从本质上分为两类：衬线字体和无衬线字体，此类方法也同样适用于汉字。看看下面两种字体：

◆ 衬线字体：艺术化字体，在文字的笔画开始和结尾处有额外的装饰，且笔画粗细有所不同，注重文字之间的搭配和区分，适合在纯文本的PPT内表达。衬线字体的代表：宋体、楷体、行楷、仿宋……

宋体　楷体　行楷　隶书

粗倩　秀英　舒体　毡笔

它们的特点如下:

字 体	特 点
宋体	应用广泛,从电脑显示系统来看,该字体最为清晰,适合PPT正文使用,但文字过小或过多时视觉感较凌乱
楷体	具有很强的艺术性,但辨认性较差,不太适用于PPT
仿宋	由宋体演变而来,给人唯美细腻之感

提示: 在同一演示文稿中,若使用过多字体会给观众眼花缭乱之感,所以,在幻灯片中使用的字体样式最好不要超过3种。

◆ 无衬线字体:没有额外装饰,笔画粗细程度基本一致,比较醒目,注重段落之间、文字与图片之间、图表的配合以及区分,在图表类PPT中更具表现性。无衬线字体的代表:黑体、雅黑、幼圆······

黑体 粗黑 雅黑 幼圆

细等 细黑 综艺 大黑

它们的特点如下:

字 体	特 点
黑体	笔型方正、简洁,庄重,适用于标题等特别强调区域
雅黑	笔画简洁而舒展,具有较高阅读性
幼圆	四个角边平滑,整体结构为方形,多适用于标题

观众在浏览PPT时一般为远距离观看,在选用字体时,字的分量要厚重,若细节方面过于复杂将会干扰文字的辨识度,所以在演示用的PPT中,多采用无衬线字体为宜。

提示: 选择字体时可结合PPT主题,如果是女性题材的PPT可使用比较纤细柔美的字体,比如华文细黑、方正姚体等。

说了那么多，这里再推荐两个字体，至于其他字体请自行斟酌。需注意，文字的目的比文字的长相重要，换句话说，传达信息比文字的美观更重要。

1. 微软雅黑+宋体

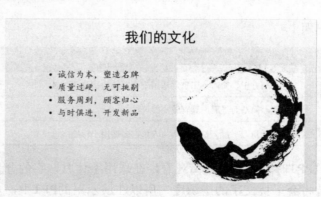

微软雅黑，这种字体在PPT中非常实用，加粗后尤为清晰，若标题用微软雅黑，内容用宋体，这两种字体可以产生强烈的对比。

2. 黑体+楷体

在字号相同的情况下，黑体比微软雅黑稍微小一些，不过用做标题仍然是一个不错的选择，内容可用楷体。

技巧：PPT内字号的范围为8~96号，这么多，又该如何选择呢？其实字号的选择主要随PPT的使用情况而定，一般只需要坚持一个原则——让最远的人也能看清最小的字。

汉字是一种结构复杂的字体，常用字号尽量不要在14号以下，特别是微软雅黑类无衬线字体，如果观众只能看到一条粗粗的黑线，那观众就不知所云了。作为投影用PPT时，字号尽量保持最小为28；阅读用文字最小为9号，不能再小了。

此外字号要能体现出层次性，各级标题和文字之间的字号要有明显的区分，一般间隔2号以上为宜。

3.2.2 内容页处理

虽然PPT内容很多，多到占整个PPT的大部分，但PPT和Word差别还是非常大的，所以对内容进行精细的设计也是一个关键。下面就内容太多的处理提供一些实用的小技巧。

1. 去繁取简

如果PPT没有Point那么就没有Power了，看看下图，讲解的内容太多，一眼望去像一群争食的蚂蚁，密密麻麻的一堆，让人看起来很不舒服。

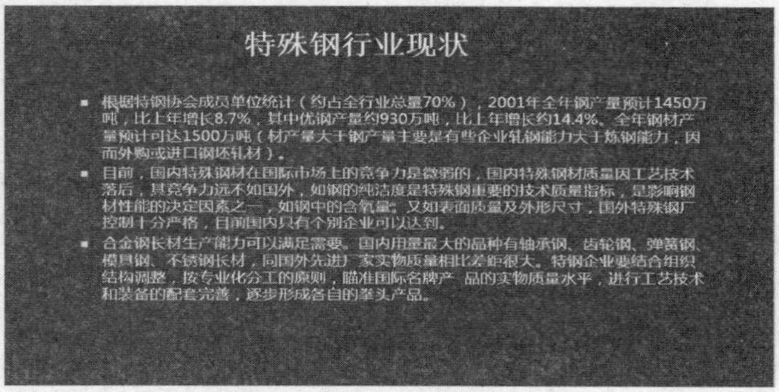

此时就需要对文字进行有效的删减，并梳理、精简——去繁取简、去粗取精、去乱取顺。

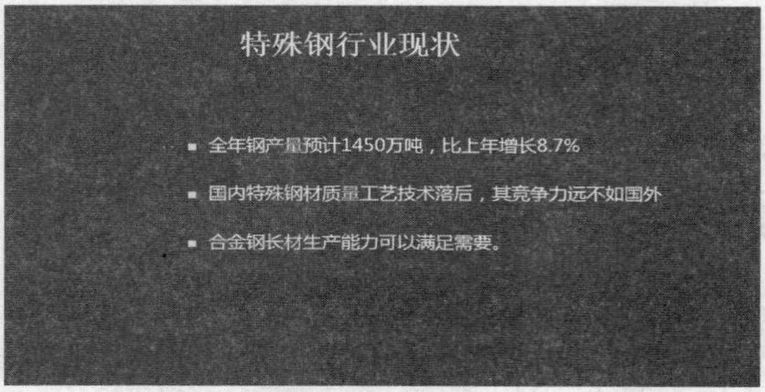

总的来说，把大段文字改成PPT可以参考以下4步。

- ◆　确保准确断句：重要语义无丢失，无遗漏。
- ◆　果断删除废话：只要肯挤，废话总是有的。
- ◆　重新概括提炼：有些文案靠删是不行的，得重写，还得有思想高度。
- ◆　统一文字节奏：结构简单，有规律的文字好记，当然也好排版。

第 03 章

2. 重点突出

无论文档是作为书面报告还是辅助演讲，都不要在同一页面上写过多的要点。最起码先得让重点突出，然后再通过动画设置将内容一条一条地显示。

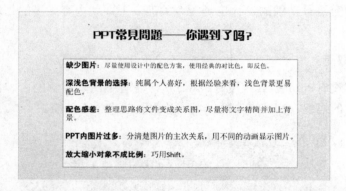

关于设置让内容一条一条显示的动画效果，这里也有必要稍做讲解，操作步骤如下，选中第一条需要设置动画效果的文字，然后切换到"动画"选项卡，在动画效果中选择"飞入"效果，然后在修改效果栏中可以看到"开始"选项设置为"单击时"，依次设置其他的要点，这样在文稿放映单击鼠标时即可一条一条地显示要点。

此外，想要让PPT的重点被瞬间抓出，则需要我们突出关键字，通常来说，在

PPT内突出关键字的方法主要有以下几种。

- ◆ 文字加粗。
- ◆ 增大字号。
- ◆ 字体上色。

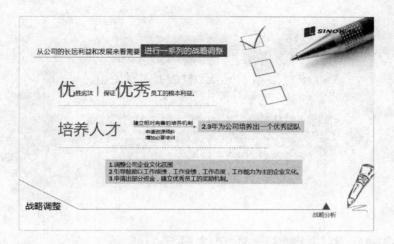

> 提示：很多人习惯性地使用倾斜、下画线等设置突出显示，从版面的协调与易读性来说，PPT内并不提倡使用该类方式进行强调。

3. 一分为N

单个页面上的要点内容，并非越多越好，而是可以将其分为多个页面，文字越多，相对大脑来说，需要消化的时间就越长，所以，不要在一页堆积了，把一个页面拆成多个页面，一分为N。

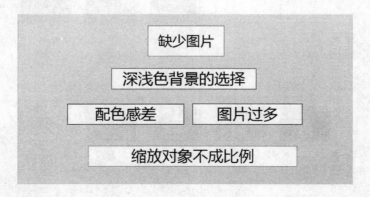

第 03 章

4. 分栏排版

若是阅读用PPT还适合分栏，在PowerPoint 2013中通过文本框的设置形状格式对话框即可轻松实现文本框的分栏效果，非常方便。

3.2.3 根据色彩注目性选择字体颜色

色彩的注目性就是色彩的醒目程度，在设计PPT时，应该选择什么颜色的文字呢？首先需要根据背景色选择辨识度高的字体颜色。

比如，背景颜色较浅时，可以选择颜色较深的文字；背景颜色较深时可以选择浅色文字，并避免同色系颜色的使用。这个尤其要注意，有些搭配会使字体模糊，直接影响效果。以下是几种常见的不宜搭配和清晰度较好搭配的示例。

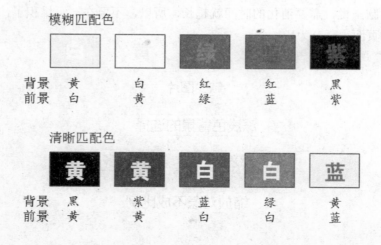

　　不过实际工作中，也会遇到很多并非单一颜色的背景图，此时在选择文字颜色时，仍应以辨识度为准则，不过需要对背景图片进行简单的弱化处理，之后再在图片上方添加与图片色调对比鲜明的文字即可。

　　如上图所示，在多色的背景图上添加文字时，文字的易读性很低，但是通过增加背景的透明度、更改其艺术效果等方法弱化背景图后，即可增加文字的辨识度。

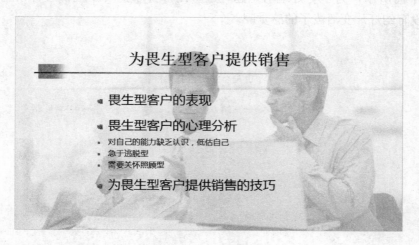

提示：**关于图片弱化的相关操作技巧，在后面章节中将进行详细介绍。**

3.2.4　妙用旋转文本框

使用文本框，可以在幻灯片的任意位置添加文本，使文字在幻灯片中更具灵活性，若主题需要，还可以将文本按需要的角度旋转。

如下图所示，为了更好地与主题呼应，幻灯片中的文本框都进行了一定的旋转，有没有幻灯片变活泼了的感觉呢？

选中文本框，将鼠标置于文本框顶端的方向小圆圈，拖动鼠标即可旋转。如果要批量设置文本框的旋转方向，或者精确设置文本框的放置角度，可以在选中文本框后在"绘图工具-格式"选项卡的"排列"组中依次单击"旋转"→"其他旋转选项"选项，在弹出的"设置形状格式"窗格中设置精确角度值即可。

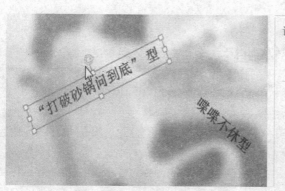

3.2.5 借用文字效果营造立体空间

PPT的设计属于平面设计，即使如此，还是可以对其设置立体效果，在某些场合中起到画龙点睛的作用，且操作也非常简单。

在设置渐虚化背景的幻灯片页面中，颜色。然后为艺术字设置填充效果，设置艺术字的映像为"紧密映像，8pt偏移量"，即可得到如上图所示效果。

设置文字效果的操作方法很简单，在"绘图工具-格式"选项卡下单击"文本效果"按钮，在弹出的下拉列表中为文字设置阴影、映像、发光、棱台效果

根据需要插入艺术字，并对其设置填充

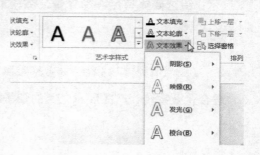

即可。

3.3 五种经典字体组合

字体知道了，文字的编辑和处理也掌握得差不多了，下面再推荐5种经典字体组合。

1. 方正综艺简体（标题）+微软雅黑（正文）

适合课题汇报、咨询报告、学术研讨之类的正式场合。

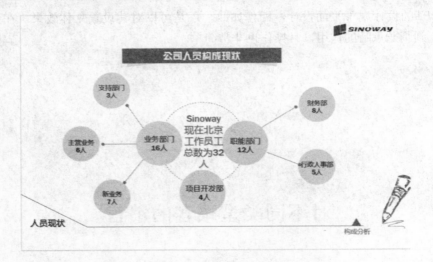

提示：**综艺简体有足够的分量，微软雅黑足够饱满，两者结合让画面显得庄重、严谨。**

2. 方正粗倩简体（标题）+微软雅黑（正文）

适合企业宣传、产品展示之类的豪华场合。

方正粗倩简体在有分量的同时，还能增加几分温柔与洒脱的感觉，让画面显得鲜活。

3. 方正粗宋简体（标题）+微软雅黑（正文）

适合政府、政治会议之类的严肃场合。

粗宋几乎是政府的专用字体，字字有板有眼、铿锵有力，显示了一种无与匹敌的威严和规矩。

4. 方正胖娃简体（标题）+方正卡通简体（正文）

适合卡通、动漫、娱乐之类的轻松场合。

　　"胖娃"简体 "正如其名，给人搞笑且厚重的感觉，配上稍纤细的卡通，是漫画类PPT的经典搭配。

　　5. 方正卡通简体（标题）+微软雅黑（正文）

　　适合中小学课件之类的教育场合。

　　卡通的标题赋予艺术效果后变得厚重而又活泼，雅黑字体则清清楚楚，深得中小学生喜爱。

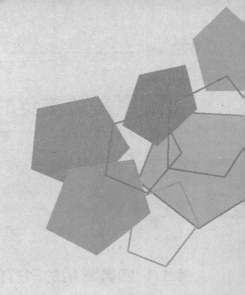

如果把演示文稿看做是一妙龄少女，那么图片就是所有的修饰。试想一下，如果不用任何修饰的少女，算是天生丽质，那再加点修饰点缀一下将会是何等的妙不可言！

PPT点睛之笔

4.1 美轮美奂的图片

> 好的图片可以提升演示文稿的整体质感，但好的背景图片不仅仅需要漂亮，还要注意风格是否适合当前幻灯片的主题，色彩和亮度是否合适等，总之，为PPT设置背景的原因只有一个——更好地衬托内容！

4.1.1 四类常用的PPT图片

在PPT制作过程中，我们常用到四类图片，它们有着不同的图片特点、效果和操作方法。

1. JPG

位图是我们最常用的一种图片，网络图片基本上都属于此类。其特点是图片资源丰富、压缩率极高，节省存储空间。只是图片精度固定，在拉大时清晰度会降低。

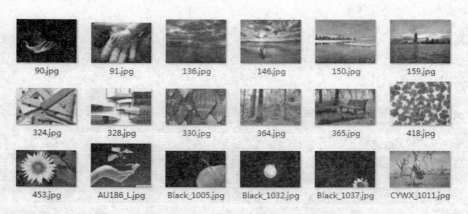

90.jpg	91.jpg	136.jpg	146.jpg	150.jpg	159.jpg
324.jpg	328.jpg	330.jpg	364.jpg	365.jpg	418.jpg
453.jpg	AU186_L.jpg	Black_1005.jpg	Black_1032.jpg	Black_1037.jpg	CYWX_1011.jpg

PPT中的背景和素材图片一般都是JPG格式的，在选用时应注意以下方面的问题：

◆ 一是要有足够的精度（分辨率），杜绝马赛克等模糊现象。

◆ 二是要有一定的光感。明亮的光、明显的影、清晰的层次感，给人以"通透"之感。

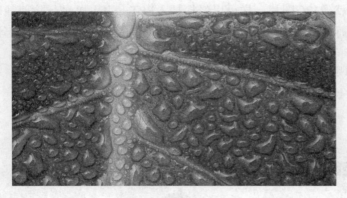

◆ 三是要有相当的创意，创意的表现有：巧妙、幽默、新奇等。

2. GIF

GIF图片是一种公用性极强的图片格式，几乎所有软件都支持，所以在网站建设、软件开发等领域有着广泛的应用。

GIF图片就像JPG图片一样可以轻松插入PPT，也可以进行除剪裁以外的各项操作。但GIF动画的特点决定了其在PPT应用中存在的一些问题，稍有不慎就会带来负面效果，这些问题包括：

◆　过于炫目，容易过多地吸引观众注意力。

◆　素材较少，非九牛二虎之力不得好素材。

◆　画面特别，画面的变化性与背景融合较困难。

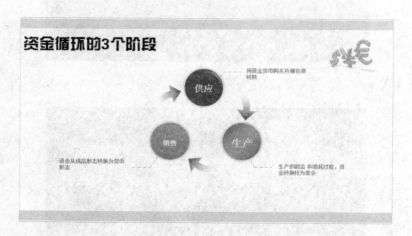

3. PNG

PNG是一种较新的图像文件格式，从PPT应用的角度看，PNG图标有三个特点：一是清晰度高；二是背景一般都是透明的；三是文件较小，而且PNG图标天生就属于商务风格，与PPT风格较接近，作为PPT里的点缀素材，很形象，很好用。

　　由于PNG图标越来越炫目，所以要慎用——除非是介绍图标的PPT，否则这些图标永远只是起着点缀和说明的作用，过多只会让人眼花缭乱，干扰观众对主题的理解和记忆。

　　4. AI

　　AI图片是矢量图片的一种，矢量图片的基本特征是可以任意放大或缩小，但不影响显示效果，在印刷行业应用非常广泛。一般都是用电脑绘制的，所以人工制作的痕迹非常明显，同样的还有：EPS、WMF、CDR等格式。

4.1.2 选用高质量图片

　　图片在PPT中有着相当重要的地位，要想PPT给人留下深刻印象，图片素材的选择也是需要格外注意的，下面提供一些图片的选择标准，供大家学习。

◆ 确保图片有足够的分辨率。

◆ 图片要有足够的亮度。

◆ 图片需衬托主题，且兼具创意。

如右图所示，该图是从网站上下载的原始图片，用做幻灯片背景则需要将该图放大X倍。

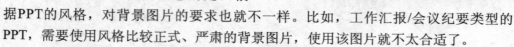

此外还有一点需要注意的是，根据PPT的风格，对背景图片的要求也就不一样。比如，工作汇报/会议纪要类型的PPT，需要使用风格比较正式、严肃的背景图片，使用该图片就不太合适了。

如果图片的配色过于喧宾夺主，可以通过设置适当的遮盖处理，然后配上与图片相呼应的主题与文字。

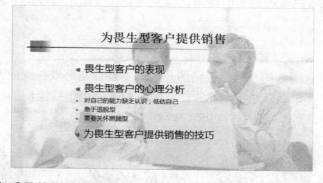

收集好了高质量的图片，使用的时候，不是随个人喜好随便用的，选择的图片一定要衬托主题，根据PPT的类型的不同，对图片的要求肯定也是不一样的。

比如，工作汇报类型的PPT使用风格比较正式、严肃的背景图片为宜；形象推广、商业策划等类型的PPT则更钟情于比较淡雅的、色调较浅的背景图片；如果是商务产品演示这一类的PPT，选择活泼一些的图片会更吸引观众；而学术研究、课件类PPT则建议选择有学术气氛的图片作为背景。

综上所述，选择背景图片必须结合演示文稿的主题、要求来确定，而非一概而论。

4.1.3 什么样的图称之为好图

用图要切合PPT主题，也要选用高清的PPT图，要是有很多图片却不知道怎么选择，又该怎么办呢？下面这张幻灯片，又该配上什么样的图呢？

你有"向日葵一族"的特点吗？

* 善于发现微小幸福
* 没有太大的野心
* 对负面情绪的免疫力
* 适当放低生活标准
* 选择喜欢的职业
* 抗压力抗打击
* 随时随地的发泄压力
* 感恩的心态
* 张弛有度的生活节奏
* ……

1. 真实而不是卡通

图片的真实度越高，对观众的诱惑力越强，当然视觉效果也就更棒了，先看一个鲜明的例子。

2. 清晰而不是模糊

模糊图片会干扰观众的理解力，也容易引起观众反感……

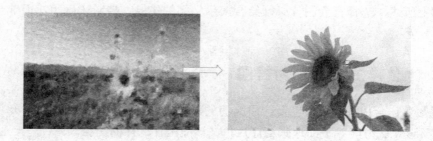

3. 贴切而不是无关

图文是相辅相成的，图片能够在文字基础上引导观众至正确的方向，所以一定要选择与内容有关的图，否则观众就混乱了……

第
04
章

4. 和谐而不是炫耀

图片有辅助观众理解文字的作用，所以一定要注意整体协调感，图片过于显眼则会破坏页面的平衡，观众则会自然而然地将视觉重心移至图片上。

5. 明朗而不是灰暗

此外，图片的色调也是需要注意的，除非为了契合主题与内容，建议选择背景明朗的图片。

找到合适的图片，最重要的还有一点就是发散思维，拿前面的"向日葵一族"举例来说，从字面可以想到向日葵，在深入一点可以想到阳光、积极；深入一点可以自己总结表达"向日葵一族"的特点，再进行深度的思维发散。

4.1.4 拼图让PPT更显创意

在这个山寨横行的时代，一点点小小的创意也能显得与众不同。在PPT内使用图片亦如此，造物主将人脑设计成蕴含无穷的创造力，别绞尽脑汁地想怎么山寨了，创意，拿出来！

如下图所示，这是一张由多图拼在一起的幻灯片，看出一共有几张图了吗？

便签与钉子是形状，背景为图案填充，盘子为一幅图片，盘子内的水果由两幅图片构成。拼成上图所示的幻灯片原始图片是三幅背景为白色的图片，通过将两幅水果图片的背景删除，然后移至盘子内，适当调整其大小，即可实现图片的拼加效果。

4.1.5 使用符号构图

不同的符号表达不同的情感，在PPT内巧妙运用符号构图，可以美化版面，增强视觉效果，加强信息的表达。

如上图所示，该幻灯片主题是保护环境，将动物的影像与地球组织为一个大大的问号，强化了主题，也很好地装饰了版面。

在亲自操刀PPT的设计时，如果需要在页面中用到标点符号，不妨先动脑想想，有没有更好的表达方式，既能表达主题又能让人过目不忘。

4.2 图文并存

图文就如同PPT的血肉，紧密相连在一起，共同支撑着PPT的生命。没有血肉的PPT干瘪瘪的，而血肉过剩的PPT则臃肿不堪。图文并茂处理得好坏，决定了PPT的肤色与身段。要给人健康、美丽、清爽的感觉，掌握图文并茂的排列方法十分必要。

4.2.1 隐图于文

许多图片看上去非常漂亮，但若是直接用做PPT的背景，就不那么适合了。在PPT中可以通过一些简单的操作让背景图片在一定程度上透明化，以便于更好地衬托文字。

　　看看上面这张图，因为原图片颜色比较深，直接在上面输入文字导致的结果就是可读性差！这里就需要对图片进行处理，也就是将背景设置一定的透明度，这种方法也称之为遮罩法。

　　如果是浅色或空白区域比较充足的图片，使用时直接将文字添加在上面，与其融合就可以了。

　　在遇到整体颜色较深，或空白区域较少的背景图时，可以在图片适当的位置插入一个矩形或文本框，将其填充为白色，并为其设置一定的透明度，最后再输入合适格式的文字，这样既可以不遮挡背景图片，又能使文字易读，一举两得！

第 04 章

如果遮挡一部分图片内容不影响图片所表达的含义，还可以直接在图片中绘制一个大大的矩形，并填充为适当的颜色，然后输入文字即可。

此外，除了添加文本框的遮罩以外，还一种为背景图添加透明遮罩的方法，使图片颜色有一个由浅到深的变化，然后在浅色区域添加文字。

在原始的背景图片上绘制一个与页面大小相等的矩形，然后设置渐变填充色，背景图片从上至下由浅入深，正好可以在浅色的区域输入文字，如上图所示。

4.2.2 图文排版

图文的排列，并非一成不变，也没有固定的万能排版法。前面讲解的隐图于文这样的方法就不太适用于小图或多图类页面的排版了。图文关系亲密，怎样才能掌握图文的有机组合，前路依然漫长，下面我们继续学习……

1. 小图与文字编排技巧

小图占据的空间较少，多数为文字，所以它的应用相对较复杂，那么该如何编排小图与文字，才能使PPT的整个版面和谐而富有生气呢？

在很多PPT中，尤其是封面都会使用类似旗条的方法来制作，如果使用的是大图片，对图片缩放和剪裁就可以了，但是小图却不能这样做，怎么办？像下图那样，我们可以绘制一个自选图形，然后将颜色设置到与图片相似或相称，然后再进行适当排列就可以了。

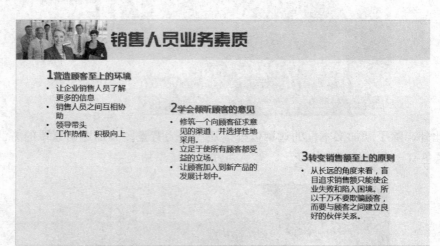

若整个版面文字较多，在设计时需要注意图片的位置、样式以及适当的版面留白，以保证整个版面的清爽。

留白

若一张幻灯片上有多张小图，一般需要对其进行组合排列，图片不够时，为了不影响视觉效果可以添加适合的色块。

2. 中图与文字编排技巧

中图通常是指占到了页面的一半左右的图片，常规的编排方式根据图片的方向分为：横向、纵向和不规则形状。横向图片出现的可能位置有：上、中、下；纵向图片出现的可能位置有：左、中、右；而不规则型则需要发挥更多的创意，根据具体问题进行具体分析。

　　上图采用竖向构图法，将图片放在页面的中间位置，左右两边放置了不同颜色的色块，本页作为标题页，在左侧添加了标题文字，若作为内容页出现，则可同时在左右两个色块中添加文字；在横向构图中，中图的排列还可以将标题显示在图片的上方，将正文显示在图片下方，如下图所示。

3. 大图与文字编排技巧

　　大图通常指页面以图为主，仅有很少的一部分空间来书写文字。大图与文字的位置关系通常较为单一，文字只能出现在图以外的空白区域，如图的左侧、右侧、上面或下面。

　　上图中，图片占据页面大部分区域，在左侧留出了刚好一列文字的区域，输入文字即可；如果想在图片上方的空白区域添加文字，则可以留出刚好容纳少量文字

的宽度，如下图所示。

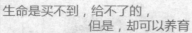

第
04
章

大图除了以上两种排版方式之外，还有一种很特殊的排版方式，也就是全图型排版，前面已经做了详细讲解，这里将不再详述。

综上所述，掌握图片与文字的组合并非一朝一夕可成，除了上述所列出的多项排版技巧外，平时也可以多观察网页、书籍或其他优良PPT的排版方式，下面再列出一些使用图片的原则。

◆ 图片内人物视线应向文字。
◆ 使用两张人物图片时，两人视线相对，可以营造和谐氛围。

 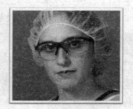

主要女性医疗专家

Wendy   Nancy

> 提示：水平放置人物图片时，尽量使眼睛各处在同一水平位置，表达效果会更好。

- 使用多张人物图片时，需要保持人物视线的一致。
- 使用带有地平线的图片时，保持地平线在同一水平位置。

- 安排文本内容时，尽量将文本内容放在图片空白的一侧。

> 提示：将文本放在图片空白一侧，比较实用于不规则图片，前面所讲解的中图排版是刻意留出上下或左右两侧幻灯片。

4.2.3 强调突出型图片处理

对比是辨认的基础，要让强调内容凸显出来，就需要增加它与其他元素之间的对比，而在PPT内图片的对比主要是通过颜色的差异来实现的，首先我们来看一张原始图片。

再看看下面这张图，可以清楚地看出该幻灯片强调了图片其中一部分内容，和前一张图的重心分散比起来，观众第一眼就能辨识出作者想要观众抓住的重点。

将原图复制到页面上，将底层图片设置为"灰度"颜色，将上方复制后图片裁剪到合适大小，然后添加适当的边框或文本框即可。

注意：一个画面最好只有一幅视觉度强的图片，否则会引起图片"争宠"，容易分散观众视线，甚至造成画面混乱，如下图所示。

　　综上所述，在突出型图片中，一幅画面是由视觉度强和弱两种效果对比而成的，需要注意的是，这里的对比并不是胡乱的对比，该突出的要突出，该弱化的要弱化。

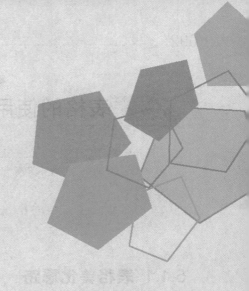

第一部分 基础与经验篇

图表是一种逻辑的美，在PPT内使用率很高，除了一般用于数据比较分析的图表，还包括图形和抽象概念图表，如何才能将抽象的文字信息转化为直观图表，图表动画有哪些注意，通过本章的学习相信你会收获不少。

图表与动画的应用

5.1　表格的使用

> 在幻灯片中，有些信息或数据不能单纯用文字或图片来表示，在信息或数据比较繁多的情况下，可以采用表格的样式，将数据分门别类地存放在表格中，使得数据信息一目了然。

5.1.1　表格美化思路

在PowerPoint 2013中，表格的功能十分强大，并且提供了单独的表格工具模块，使用该模块不但可以创建各种样式的表格，还可以对创建的表格进行编辑，通常我们通过以下几种方法对表格进行美化。

1. 换模板

默认情况下，插入的表格已经应用了系统自带的表格样式，如果想更改表格样式，可以直接在"设计"选项卡内选择合适的样式即可。

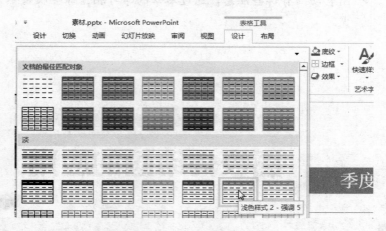

关于样式的选择，这里提供几点注意事项供参考。

- ◆　不选带有背景色的。
- ◆　不选完全没外框的。
- ◆　选了样式还要调整。

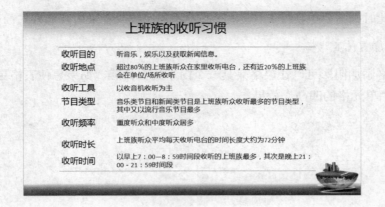

2. 更改内框线型

为了让表格内容更加参差分明，有明显区分，还需要为自己的表格画出合适的线框。

3. 添加表头底色

在设置表头背景色时，应注意表头的底色与PPT的主题色协调，需要注意的是某些样式的PPT主题，并不适合添加表头色，如下图所示。

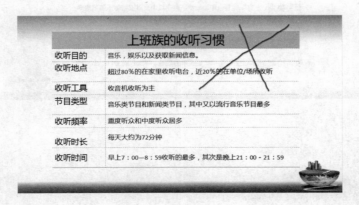

所以此时则需要更换PPT主题，干脆不添加底纹或者采用其他方式······

4. 增加立体感

为表格添加阴影可以让表格兼具一个简单的立体感，如果想使表格更立体，还可以设置"单元格的凹凸"效果。

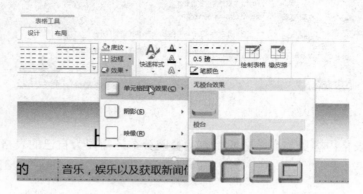

5.1.2 突出关键数据

使用表格突出数据的方法有很多，从版面的美观程度而言，我们推荐以下几种。

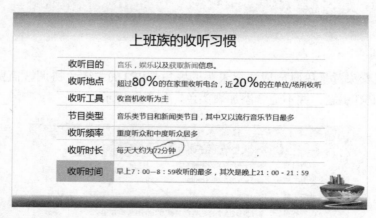

- ◆　变换字体颜色。
- ◆　增大字号。
- ◆　添加标识。
- ◆　添加单元格底纹。

第
05
章

5.2 数据分析类图表

我们每天都会接触到各种各样的数据，不管乐意与否，总得跟数据打打交道才能度日，制作PPT的时候也是一样，数据视觉化后才能具有表现力，为了帮助我们更清晰的传达观点，数据分析类图表是不错的选择。

5.2.1 四种常用图表

在PowerPoint 2013执行"插入/图表"操作后，弹出的图表中有数种图表可供选择。这么多的图表，选择时，怎么办！图表虽多，常用的其实只有四种，在开始制作图表前，了解他们图表的表达效果，选择时会方便很多。

◆ 柱形图。
◆ 折线图。
◆ 饼图。
◆ 条形图。

表达信息决定了图表类型的选择，即使是同样的数据，根据需要，也可以选择不同的图表。

掌握以上四种图表，相当于攻克了图表的80%。下面分别对这四类图表进行说明。

1. 柱形图

柱形图的基本用法主要有以下两种：

◆ 一种是用来表示销售量、收益，随着时间变化所表现的差异。
◆ 另一种是与时间无关的柱形图，以条形柱的高矮，比较项目之间的差异。

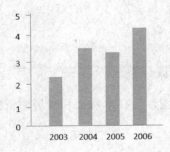

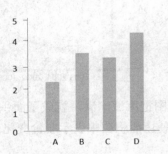

此外，根据数据特点，还可以将柱形图进行变形，比如在第一个季度里面，比较A、B、C、D四个产品每月的销售情况，此时可以使用簇壮柱形图，在条形图的每个类别里面增加了多个系列，可以根据需要进行排列；另外，若每个项目有多个组成部分，则可用堆积柱形图，比如比较商品季度销售情况，每部分则由三个月的销售情况组成，可以看到总销售量以及不同月份的变化，为了便于比较通常把最重要的项目放在下面。

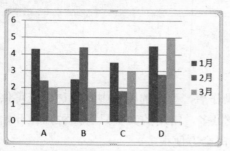
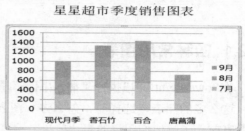

如果需要对数据进行多个百分比的对比，使用百分比柱形图也是不错的选择，为了方便观察，仍需把主要的内容放在底部。

2. 折线图

折线图可以显示随时间而变化的连续数据，因此非常适用于显示在相等时间间隔下数据的走势。可以把折线图理解为是柱形图顶部连接起来的效果。与柱形图不同的是折线图强调的是整个项目的趋势。

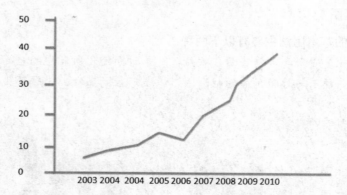

如果折线图把区域涂满，就成了面积图，它在本质上和线形图依旧是一样的，在商业杂志中使用面积图来表示股价变化。

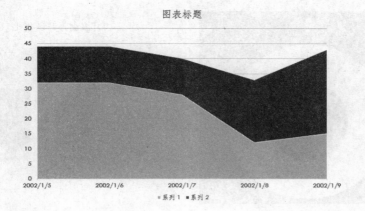

3. 饼图

饼图适合用来表示一个数据内各项大小与各项总和的比例，各项相加等于100%，但是需要注意的是，并不是所有数据出现百分号的时候都要用饼图。

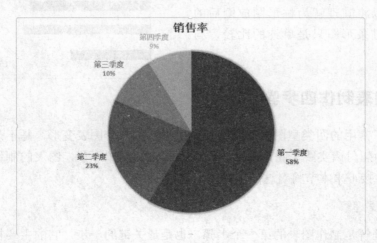

还有另外一种与饼图类似的图形——圆环图，简单来说就是中间少了一块的饼图，也能用做比例的表示，比饼图方便的是，圆环图中间少了一块，可以在中间空白的地方写上字。

此外，在使用饼图时，有时分完了大类，需要对每大类进行细分的时候，还可以使用复合饼图。

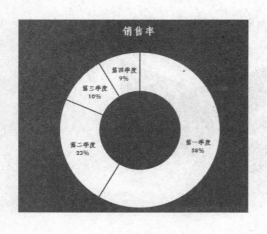

圆环图

复合饼图

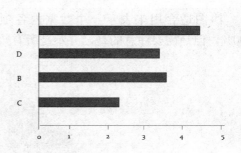

4. 条形图

条形图用于显示各项目之间的比较情况，可以将其理解为柱形图放倒后的效果，不过条形图只是单纯的比较，与时间无关。

5.2.2 图表制作四步骤

了解了常用的四类型图表，以及其衍生出的一部分图表变形，是不是摩拳擦掌跃跃欲试的想付诸实践了呢，下面我们进入图表的制作环节，图表的制作总的来说有四步骤，接下来本节将对这四步骤一一剖析。

1. 数据理解

数据理解是制作图表的第一个步骤，也是最关键的一步，它的主要目的是明确信息，比方说，手里拿着一张销售数据的表格需要将其制作成图表，你是想强调整体趋势？还是某个部分的销售量？或者是某个商品所占的销售份额？总而言之，同样一组数据可选择不同的图表来展示。

第 05 章

季度销售表		
类型	销售量（千枝）	销售额（千元）
现代月季（玫瑰）	3041	7704.8
香石竹	4926	7114
百合	885	3622
唐菖蒲	476	1284
菊花	950	1858
非洲菊	581	1284.5
凤梨类	703	967
兰花类	2589	6511
花烛类	609	1259.7
观叶类	391	820

2. 选择图表

明确数据之后，根据需要选择图表，而不是随便把数据随个人喜好变为任意图表。比如说，需要强调数据趋势，则用折线图；强调业绩的对比可以选择柱状图或者条形图；强调数据份额可以选择饼图……

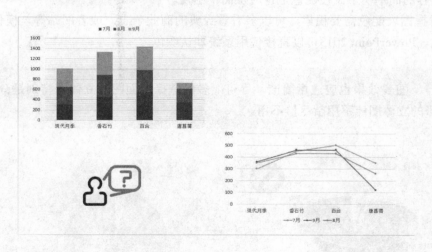

3. 制作图表

数据理解与图表选择相当于构思，构思完成后就可以动手实践了，执行"插入图表"操作，填写数据，即可完成图表的初步操作。如果数据已经在Excel里面，可以选中数据，然后选中相应图表即可。

4. 美化图表

初步完成后的图表可能还略显粗糙，我们可以根据需要将其排序或更改颜色等进行美化。

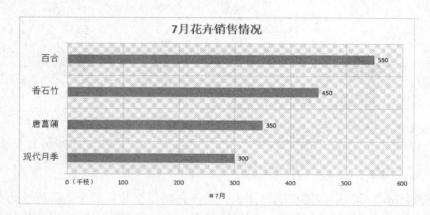

需要强调的是，美化图表的作用不仅仅是为了装饰，而是为了让图表更简洁，除了内容的简单明了，在配色上也应从简单出发。

掌握图表配色需要积累，可以多看看经典的商业杂志，或者网站等，模仿他们的配色。PowerPoint 2013可以直接使用系统默认颜色。

> 提示：图表效果也应注意简洁，尽可能多的选择平面图，立体图特别是分离夸张的立体图能不用就尽量不用。

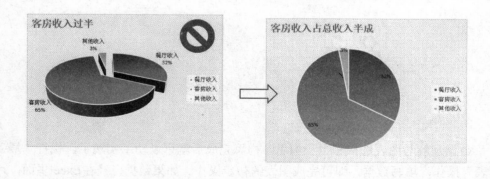

5.2.3 图表要素

图表完成了，还是再回头检查一下吧，数据确认没问题后，再重新审视一下图表的结构，通常来说下面这几个要素是图表必不可少的。

◆ 标题。
◆ 图表。
◆ 单位或图例。
◆ 信息来源。

标题是图表的中心思想，如果整张幻灯片就一个孤零零的图表，观众只能凭自己想象猜测了，常见的标题一般有，XX趋势，XX情况，XX状况等，在后面写明增长或下降等情况可以快速地突出图表中心。

标题是图表的中心思想，如果整张幻灯片就一个孤零零的图表，观众只能凭自己想象猜测了，常见的标题一般有，XX趋势，XX情况，XX状况等，在后面写明增长或下降等情况可以快速地突出图表中心。

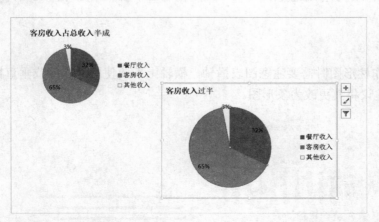

标题和图表千万不要产生冲突，如上图所示，"半成"对应的数据是"65%"，将其改成"过半"或"半成以上"则更准确。

图例通常放在图表旁边，供观众自己查找，当图表项目较少时，直接标注在图表附近也是不错的选择，如下图所示。

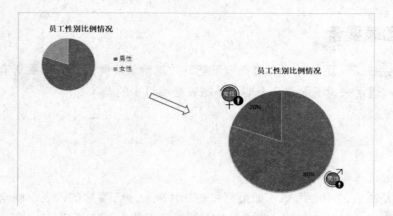

提示：在图表的众多项目中，若需要强调某一数据，可以把其他数据修改为灰色，或把强调的部分改为另外的颜色，这样观众一眼望去即可抓出中心。

5.2.4 常用图表制作秘诀

图表制作应该"一针见血"，表达准确、内容清楚。换言之也就是图表选择适当，刚好能表达制作者思想，另一个则是精确的单位和刻度，向观众传达出准确的数据信息。

1. 柱形图

在制作柱形图时需要注意图表横轴，横轴上不要使用斜标签或垂直标签，若文字过长，建议将其更改为条形图。

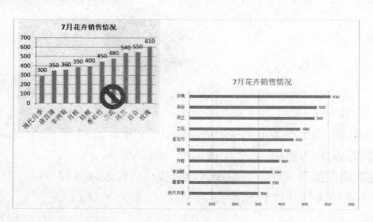

2. 折线图

在制作折线图时需要注意线条的数量，线条数不应超过3条，且线条一定要足够粗，粗过刻度线，这样才能看客一眼抓出要点。另一点就是纵轴的刻度应从0开始，有时候为了方便表达可以省略中间的一部分。

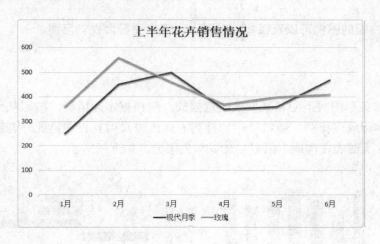

3. 饼图

和折线图的线条数需要限制一样，饼图的区域数量也是有一定限制的。如果饼图切得太碎，观众阅读起来会很困难，所以在分割饼图时尽量不要超过6块。如果饼图分割太碎了，怎么办呢？不要用饼图了，换成条形图吧，更直观。

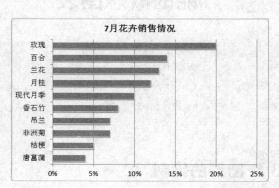

提示：当饼图分块的区域大小接近，而又需要做对比的时候，改用条形图是个不错的选择。

在饼图内需要强调某一数据时可以使用分离强调，也就是将饼图的其中一部分分离出来，若把所有都分开，重点在哪里，观众迷茫了，就像上左图那样。此外，即使是饼图，为了便于观众快速理解，也是需要排列其顺序的，数据通常按大到小的顺序排列，最大的数据从钟表上的正12点位置开始。

> 提示：饼图的图例可以直接标注在图上，使之更符合视觉习惯。

4. 条形图

在制作条形图时不应将数据条随意摆放，应根据实际情况，按照从大到小、从小到大或字母顺序排列，通常降序的排列方式比较常用且直观；此外若遇到负数，可将其放置于图表左侧或下面，并加以颜色区分，如下图所示。

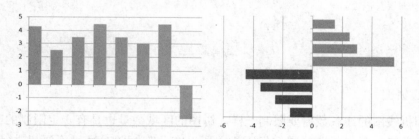

5.3 万能的概念图表

在幻灯片中使用概念图来表达，可以减少大量的文本内容。可以非常直观地表达出各事物之间的关系，甚至有时候不用演讲者介绍，观众一眼便知晓其义，就像"会说话"一般。

5.3.1 图形的绘制

在概念图表中，形状是PPT的基础，要掌握图表，首先需要成为绘图高手，下面进入高手养成第一步——图形绘制。

在"插入"选项卡内单击"形状"按钮，即可看到PowerPoint提供的各式各样的形状样式。熟练使用这些形状，就能绘制出丰富多彩兼具创意的PPT图表。

　　如上图所示，所有图形都是由形状库中的基本形状绘制后组合而成，就拿右下角的人物图形来说，它运用到的基本形状有圆形、矩形、三角形，先将这些图形绘制并组合成人物的形状，然后复制1个，将其中一个图形填充为黑色，作为人物的阴影，将另一个图形填充为合适的颜色移到合适的位置即可。

　　在绘制图形时，使用"Shift"键可以帮助我们画出以下几种规规矩矩的标准图形。

◆　直线：水平线、垂直线、45°直线。
◆　正图形：圆形、矩形、等边三角形等。
◆　等比例拉伸图形。

　　此外，在"形状"库的"线条"组内最后三条线：曲线、任意多边形、自由曲线可绘制任何平面图形，俗称绘图的"万能线"。

1. 曲线

绘制该图形时，两点之间会自动产生一定的弧度，所以非常适用于绘制圆润物体，如人的轮廓、波浪和山的轮廓等。

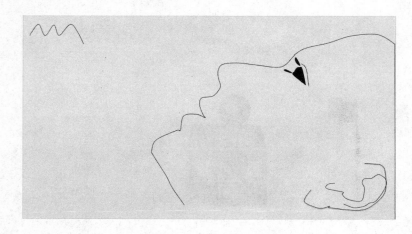

2. 任意多边形

任意多边形适合用于绘制棱角分明的物体，比如房屋、树木等轮廓。

3. 自由曲线

自由曲线内没有点的概念，形状绘制自由，但是需要有一定绘画技术才能掌控，所以使用较少，但从操作的难易程度和适应性来说，任意多边形又为最常用的一种，如右图所示。

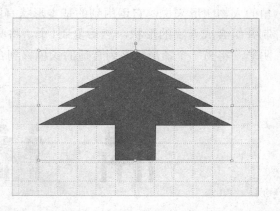

> 提示：在"视图"选项卡的"显示"组中勾选"网格线"按钮，将网格线显示出来，可以将图形绘制得更整齐。

5.3.2 专业的图形配色

除了美观，图表的颜色还有与背景相区分的作用，不同的颜色也代表着不同的含义，下面我们就来学习图形内颜色的两种填充方式。

1. 纯色填充

图表配色应从简出发，形状的填色亦如是，纯色是个不错的选择，它予人质朴、简洁之感，而且应用起来也非常的简单，但是怎样才能选择合适的颜色，这也是个难点。

> 提示：纯色填充的图形，不需要设置形状的边框色，如果需要边框轮廓，建议使用与填充色相近较深的颜色。

此外，形状配色时还需要注意以下两点：
- ◆ 和谐色。
- ◆ 强调色。

和谐色是与背景色相呼应的颜色，也就是说色彩的总体处于同一色彩或色调，如果所用图片也处于同一色彩，这样的画面看起来比较有整体感；强调色则是与背景相对比的色彩，它能凸显内容，并让画面变得动力十足。

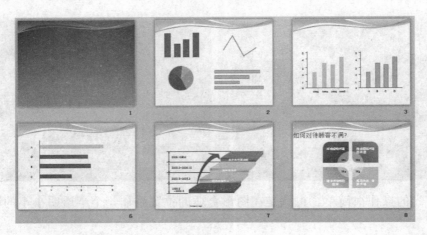

> 提示：关于形状的和谐色和强调色，在模板内使用非常普遍，和谐色能起到统一整个模板风格的作用，而强调色则会让整个幻灯片的画面变得生动活泼。

2. 渐变填充

所谓渐变就是颜色的一个变化过程，和纯色填充相比渐变填充的变化性为幻灯片更添立体感。在PPT中的渐变填充主要有两种方式。

◆ 异色渐变。

◆ 同色渐变。

异色渐变是指图形本身有两种或多种颜色的变化；而同色渐变，则是指图形原本只有一种颜色，但这种颜色由深到浅或由浅到深发生渐变，就像光线在不同角度照射产生的效果。

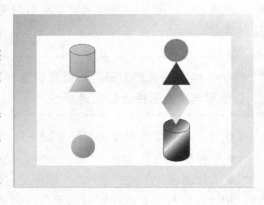

在上图中，所有的图形都使用了渐变填充效果或异色渐变填充效果。能够看出，渐变色是由一圈一圈的光到光的过渡实现的，影响渐变效果的因素主要有颜色、类型、方向和位置4个变量。

此外，在图表内还有一种非常实用的渐变——高光。通过在图形的表层添加一个白色、半透明到透明的一个渐变图形，将图形立体化，如下图所示。

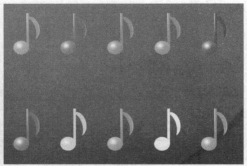

高光的操作很简单，也就是在图形合适的位置添加一个半透明小小的渐变形状。

5.3.3 图形排列

一页完整的PPT是由多个对象共同构建而成的，因此，在这样的PPT内，只有讲究图形的排列、组合技巧，才能将其构建成一副漂亮的PPT画面。

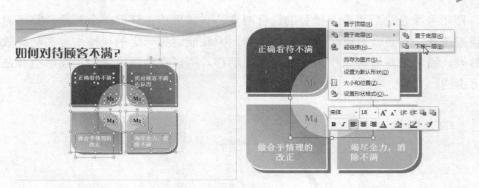

整个页面由多个部分构成，在编排该页PPT时，首先要注意各图形的组合，其次是文本框与图形的组合……。需要注意的是，所有图形都占据了，独立的一层，当遇到图形与图形之间的交叉重叠时，其余图层要么覆于该图形上，要么隐于该图形下。此时我们可以根据需要将图形上移或下调，如上右图所示。

在制作动画效果的时候，经常会把多个对象重合，导致多个对象内容重叠到一起，此时可以使用PowerPoint的"选择窗格"功能，在页面中选中任意对象，在"绘图工具-格式"选项卡中单击"选择窗格"命令，弹出"选择和可见性"窗格，如下图所示。

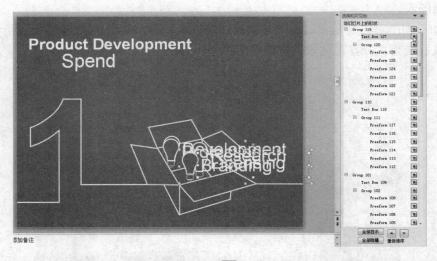

右列则为各对象的显示或隐藏按钮，⬛按钮显示时，表示该对象呈显示状态，单击该按钮，⬛按钮消失，与之相应的对象将呈隐藏状态。所以当页面中对象过多且重合，但又需要编辑时，可以将不需要编辑的对象全部隐藏起来，编辑完毕后单击窗格下方的"全部显示"按钮即可。

　　图形经组合之后更容易批量的选择对象，只需要单击任何一个对象，整组对象都能被选择，且组合后单个对象无法选择，因此能避免一定的误操作。在动画效果的时候，通常是整组对象作为一个对象而动作，所以在动画设置时，图形组合是必不可少的。

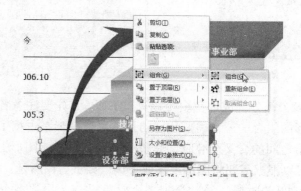

5.3.4　使用形状绘制数据图表

　　掌握了图形的绘制、配色和组合，下面我们来动动手吧，用形状画出独具个性的数据图表。

　　如下图所示，这是通过形状绘制的线性图表，所谓线性图表其主要元素一般以曲线或直线为主，其视觉效果与折线图和趋势图类似。

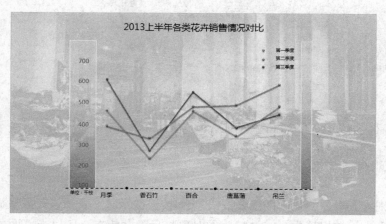

　　当然以上只是使用形状绘图的九牛一毛，如果你会举一反N的话，你还可以，像下面这样。

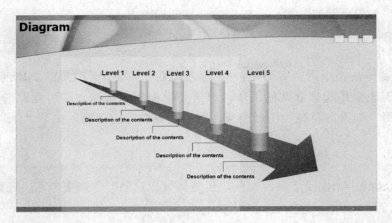

　　总之，概念图表内的图形绘制是一个高度创意的过程，凭空去创作是很劳心费力的。所以，多观察一些优秀的PPT作品，或借鉴专业的PPT制作公司的作品，能够达到事半功倍的效果。

5.3.5 深度剖析SmartArt图表

　　PowerPoint 2013自身提供了多种逻辑图表和数据图表，也就是SmartArt。对一般用户来说，使用SmartArt图表可以是操作简单化、快捷化，最重要的能使概念图示化，在"插入"选项卡内单击"SmartArt"命令即可插入SmartArt图表。

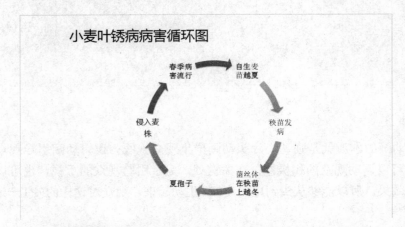

　　如上图所示，该图为循环图，使用SmartArt图示库中的"文本循环"创建，插入图示后，直接在每个形状中或在文本窗格中添加文字即可，它有以下几个便利之处。

◆　图形的添加和删除。

◆　图表的快速配色。

◆　智能调节大小。

　　图表制作往往根据内容而定，同类型图表，内容不一样图形个数也不一样，SmartArt图表操作起来非常的简单，只需要单击相应按钮，即可随意的添加需要数量的图形。如果需要减少图形个数，选中需要删除的图形，按下"Delete"键即可。

> 提示：SmartArt提供了多种配色，但是如果想让PPT色彩更丰富，还是需要个人配色。

　　SmartArt图表调节大小也是非常方便的，除了调整其中的某个图形以外，还可以调整整个图表的大小，只需要拉伸图形的调节按钮，图形即可放大或缩小。

　　需要注意的是，SmartArt图表上手快，使用便捷，也存在诸多不足之处。

◆　样式种类偏少，满足不了各式各样人的需求。

◆　设计自由度不大，缺乏个性化。

5.4　动画制作的黄金法则

> 　　动画功能操作起来非常的简单，但是要掌握动画效果的度，就不那么容易了，结合一些PPT达人观点，设计真正好的动画，可以试试所谓的黄金法则，这里所谓的法则并非一成不变的金科玉律，在才思枯竭的时候绝对是个不错的参考。

1. 醒目

　　PPT动画的本质就是强调，片头动画聚集观众视线；逻辑动画引导观众思路；情景动画可以调动观众的积极性；在关键处，为了引起观众的重视，也可以使用夸张的动画效果。所以能够从头到尾的让PPT生动起来，观众对这样的PPT一定过目不忘。

　　想让人过目不忘，第一点就是醒目；强调该强调的、突出该突出的，动画够美，够炫，观众怎么可能还无动于衷。要做到醒目，还需要注意以下几点。

◆　主次动画的合理搭配。

◆ 　重点内容的适当夸张。

◆ 　大规模动画引人入胜。

一个单独的动画偶尔会被观众无意识的忽略掉，但是如果使用一群动作就不一样了，下图为多个动画一同动作后效果，有没有难以忽视的效果呢。

2. 自然

所谓自然也就是事物本来变化规律，比如天黑伴随着日落或星辰的黯淡无光；落叶伴随着旋转与下坠……PPT内的动画表现也是这样，不管是前后动作还是周围动作，动作与动作之前是有关联的，所以在制作时需要考虑到位，除了本身的变化，也想想周围的环境、PPT的背景和演示环境等。

这样说起来可能有点抽象，下面举出一些简单的例子，例子不多，为了锻炼大家的头脑，试试举一反三吧！想不出来，也没关系，空闲时多多观察大自然也是不错的选择！

◆ 　物体在由远及近运动时，会由小到大。

◆ 　立体对象在变化时，阴影也随之变化。

◆　物体的运动伴随着加速、减速、暂停等效果。

◆　场景更换使用无接缝效果。

◆　两物相撞会伴随着震动……

如下图，该图为两图相撞动画效果，先将图形分别设置为"飞入"进入动作后，调整其动作效果，再对物体设置"跷跷板"强调效果即可表示两物相撞后效果。

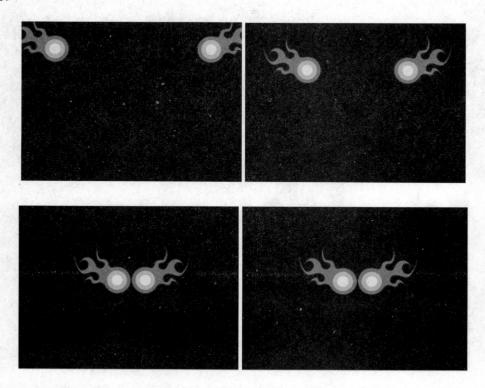

3. 简洁

初学者在制作PPT动画时很容易犯的两个错误：一是为了不让观众忽视掉精心制作的每一个动作，以至于使用大量的缓慢动作，殊不知缓慢动作会快速消耗掉观众耐心；另一个则是动作繁琐，动画重复，把动画做在母版里，一页重复一次，一页重复一次，浪费了观众时间，影响观众情绪，观众也郁闷："重点在哪里？"

针对以上两问题，一针见血的解决方法就是，简洁，它表现在以下两个方面。

◆　调快动作节奏，精简动画数量。

◆　去掉修饰动画，直接内容。

对于一些时间宝贵的工作报告，可以多使用快速、非常快的动作；此外，对年终总结、科学研究之类的研究性报告，其动画效果应该是干净利落的，如果有修饰动画，应该毫不留情的砍掉。

如下图所示，在该幻灯片内只有路径动画和进入动画，直接将观众带入学术研讨的氛围。

> 提示：动画功能仅限于逻辑引导、重点强点两种，不符合该两种情况的，请慎用。

4. 适当

动画的适当与否，PPT的演示环境也很重要，像党政会议、课题研究、老年人或思想保守的人面前建议少用动画；但是像企业宣传、工作汇报、婚礼庆典和年轻人面前就非常适合用动画了，那会让他们觉得你更专业、厉害。

此外，动画数量也需要适当，过多的动画喧宾夺主不说，看起来也让人眼花缭乱，找着重点实属不易；但是动画过少，也不好，效果平平，有与没有又有何区别。该强调的强调、该无视的无视、该慢的慢、该随意的就让它一笔带过，这也是PPT动画效果的强弱适当。

总的来说，PPT的动画的数量、强度、环境需要各种适当。

5. 创意

在这个万事索然无味、山寨横行的年代，创意，弥足珍贵！

动画的精彩，其根本就在于创意……

创意是没有规律可言的，但是有了方向可以让我们的创意有迹可循。

- ◆ 新到出其不意。
- ◆ 巧到心悦诚服。
- ◆ 趣到锦上添花。
- ◆ 准到一矢中的。

"上山的路远不止一条"，被传统或习惯局限了思想的我们，需要重新开辟道路就需要斩断限制……同样，PPT亦如是，换个观众，换个新观点，换种新口味，它会保持常年的新鲜感。

第一部分 基础与经验篇

写PPT是最基础的工作，而演讲对PPT来说无疑是，致胜的一击，能否生动地传递你的信息，能否打动你的听众，甚至传递给对方你的信任感，全都需要演讲的实现，不要小看它，它会让你的PPT迈向真正的成功。

精彩演讲，助你成功

6.1 演讲前的准备工作

　　要想进行成功的演讲，有两个秘诀：准备和反复练习，教师想要做出的课件吸引学生的注意力，提高当堂课的教学质量，都得以百分之百认真的态度去准备，不漏掉任何一个细节。商务场合就更得一丝不苟了，接下来让我们看看在演讲前都需要做哪些准备工作。

6.1.1 有备无患

　　为了演讲的正常进行，事前的准备是必不可少的，总的来说演讲前需要准备五个方面的内容，如下图所示。

演讲前需要的准备

- 演示设备
- 辅助工具
- 电子文档
- 会场的布置
- 个人形象

1. 硬件设备

　　从主要的开始列清单，并清点实物，列清单清点的好处在于这样就不容易混乱和遗漏演示设备，可能用到的设备有以下几种。

- ◆　投影仪。
- ◆　笔记本。
- ◆　U盘或其他移动存储器。
- ◆　麦克风……

　　除了主要的演示设备外，还需要准备一些辅助工具，也需要实现列在清单上并逐一进行清点，如下图所示。

　　这些辅助工具，有的是演讲者可能需要用到的，有的是需要在演讲开始前发放给听众的，有的是用来放在场地中突出气氛的，虽然都是比较细节的工具，但同样需要精心准备，细节决定成败。

　　2. 软件准备

　　软件方面的准备工作主要是电子文档的准备，首先，需要保证多携带的计算机里用来演讲的程序能正常工作。

　　电子文档的准备非常重要，在放映时，缺少文件，就像客人坐下了，茶水却不上桌，所以，在这方面一定要做好充分的准备。

3. 演讲会场相关的准备

演讲会场相关准备，主要包括会场坏境要整洁安静、场地内外需要有烘托气氛的标语或宣传广告、会场的灯光和音响效果的检查、VIP坐席的数量是否足够等，此外，如果有必要还应提前了解行车的路线、必经路段的交通状况等，即使做了最充分的准备，还是需要提前一定的时间到达，并根据来宾人数确定就坐的方式等。

演讲会场准备

- 会场的整洁
- 场地内外标语
- 灯光音响效果
- 检查特等席
- 提前了解行车路线
- 提前时间到达
- 按人数确定就坐

4. 个人形象准备

良好的形象会让演讲者底气十足、信心百倍，相反，糟糕的形象可能会导致一次失败的演讲，个人形象的准备主要包括以下几点：穿着职业装、不要佩戴醒目的装饰品、头发应保持整洁大方、男士不留胡须、保持清新的口气、积极的心态等，如下图所示。

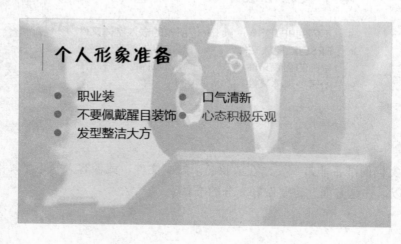

个人形象准备

- 职业装
- 不要佩戴醒目装饰
- 发型整洁大方
- 口气清新
- 心态积极乐观

6.1.2 **事前排练**

话说，有备无患防患未然，PPT演讲也是这样……

很多人在制作产品展示，客户培训之类的PPT时，都会把PPT做得非常美观，但却遗漏掉了事先的准备与排练，于是演讲就成了照本宣科的过程，以至于观众听起来一个头两个大，外加昏昏欲睡。

制作优良PPT，理解起来并不复杂，一般人都看得懂，但是为什么还需要你当面讲解呢？

◆ 一是，对该方案感兴趣，想深处了解。

◆ 二是，讲解和沟通容易提问和争论，提高沟通效率。

◆ 三是，了解制作者真正的思想还是需要演讲者的正确引导。

所以，没有人喜欢听着演讲者照本宣科，随随便便的将PPT读个一遍，大家想更深入的了解，不要让观众有随随便便"被打发"的错觉。

1. 内容准备

还有一点，也就是演讲之前的准备，除了之前内容所述的各个准备要点，在演讲内容上还需要一些准备，具体如下图所示。

这样看起来的话，实际演讲的内容其实要比PPT内容多得多，短暂的20分钟的演讲，可能需要准备一小时到两个小时内容。如果想自我验证一下准备是否充分，可以让某一个人对PPT的任意环节提问，问题包括该环节的前前后后，来龙去脉，如果这些问题能够全部对答如流，那么恭喜，准备过关了！

> 提示：商品PPT有些内容通常都具有共识，可以不用详细讲解，但为了以防万一，还是建议做好万全之策。

如果内容设有互动环节，还可以提前找人测试一下，免得质量不高，在实际演讲过程中导致尴尬的冷场。

2. 排练

内容准备好之后，还有一件非常重要的准备工作——排练。

就像明星的商业演出需要排练一样，只要条件允许，你也应该上台演示一遍，想象自己正面对许许多多的观众。顺便再测试一下放映机的放映是否正常，如果投影设备老化，还需要更改你的PPT颜色，将其调换成互补色。

演示还有重要的一点，也就是串讲，串讲的过程中最好有个外行的听众全程作陪。然后这里的"讲"不是心里默默的念叨，这样的话没有人知道你说什么，所以一定要大声的讲出来，把PPT投影到电视上，对着电视演讲一遍，想想听众的实际情况，调整成易懂的语言习惯，如果外行也能够听懂，那演讲就OK了！

此外，要注意演讲中时间的控制，对于自己演讲时间有精确的把握才能更好地控制现场，所以排练时就需要严格的控制好时间，演讲的时间不超过30分钟为宜。

6.1.3 构思开场与结尾

幽默，是一种百益无害的生活态度，当然，这样的生活态度在PPT里也是非常实用的！

好的开始是成功的一半，演讲中的开场白，也摆脱不了这样的"俗套"，之所以说到幽默的开场，其实也是有一定原因的。人往往具有一种怯场心里，所以选择幽默的开场能让自己轻松不少。再想想，一脚踏上演讲台，看着一群完全不认识的人，需要想方设法的和对方拉近距离；就像给客户介绍产品首先得意思的寒暄两句才能步入正题一样，好的开场白能让你更具亲和力，获得更多的认同感和话语权。

说到幽默的开场，方法很多，比如，拉关系、自嘲、讲笑话等，如果实在不行，"谢谢领导的支持，客户赋予的宝贵时间，同事的鼓励……"，当然选择哪一种开场事前还得多思量。

除了开头，结尾也一样的重要，说的事情有没有具体的说清，方案是否可行，问题在哪里……，千万不要到了PPT结尾的时候演讲目的还没有分清，然后就这样莫名其妙的结束了演讲。

对于产品介绍，商业分析类PPT，演讲就要以对方的理解程度，商品的价值为导向；方案总结等讨论性PPT，则要以可行性、各方建议、下一步计划为主；项目汇报类PPT则要以成果展示，问题总结等为目的。

6.1.4 时间概念

培训、展示、讨论……不管什么类型的PPT，演讲时都需要有严格的时间概念，这个时间概念，不单单指到场的时间，也指演讲的准时结束，如果你的领导、同事、客户被耽误一个小时，他们会是什么心情呢，领导在下次参加你的演讲时会不会有所顾忌……

演讲时间不能过长的另外一个原因是，人的注意力通常半个小时左右，时间过长观众的注意力也不太集中，影响演讲质量。

除了时间限定之外，还有最重要的一点——听众的感受。这一点则需要做到演讲内容的主次分明，次要信息迅速带过，主要信息大声的多说几句，总的来说就是注意演讲的节奏。千万不要没意义的内容说一分钟，重点内容说一分钟，这样的话观众绝对一头雾水。

6.2 还需要演讲技巧

一场成功的演讲，有了一个好的PPT仅仅如同找到了一个工作上的好助手，它能够对演讲的成功起到推动作用，而关键还是在于演讲的人。有的好的PPT，演讲者还需要掌握一些演讲的技巧，为完成一场成功的演讲再增加一份力量。

6.2.1 演讲者才是主角

很多人花费了大量的时间精力去制作一份演示文稿，然后觉得终于可以松一口气了，以为有了精美的PPT，演讲的成功便是水到渠成的事情，到头来往往事与愿违。

从PPT的作用角度出发，除去主要用来阅读的PPT不说，大多数的PPT通常都是用来投影放映的，它只能是用来辅助演讲者演讲的一个提纲，对演讲者起到提示作用，也可以帮助听众更好地抓住演讲的结构，演讲者才是听众视线的聚焦点，优秀的演讲人应该控制住观众的视线的移动。

6.2.2 处理疑难问题

在演讲过程中，听众与演讲者的互动通常可以使演讲达到高潮，但这个环节，也比较容易产生让演讲者难以控制的局面。通常的互动形式是解答观众的提问，在这个过程中，也许会遇到较难回答的问题、突发的异常情况或者是涉及到公司机密的问题，如何处理好这个环节，既能安抚听众的情绪，又能维护好公司和自我的形象呢？

对于观众的提问，不管是什么问题，首先要保持积极的态度，中肯的语气，回答要巧妙有技术性；如果产生突发情况，演讲者要保持冷静、镇定，不能和观众争论，保持彬彬有礼的绅士风度；对于涉及公司机密的问题，可以先肯定听众的问题，巧妙地避重就轻，或者告诉听众可以在会后进行了解等，如图所示。

第 06 章

6.2.3 克服紧张

上台表演时的紧张是一个极普遍的问题，因为人一旦成为众人瞩目的焦点时，就会引发紧张的情绪。

但做足了准备，在演讲时如果还是觉得紧张，可以采取怎样的措施来缓和紧张

的气氛呢？如上图所示，有以下几种方法，快速树立自信的心态，不防悄悄做个深呼吸，调整姿势，适当运用肢体语言，还有眼睛要直视观众，但可以随即更换注视的对象。

6.2.4 不宜涉及

在演讲的过程中，演讲者的演讲内容应围绕主题展开，不要扯得太远，而有一些问题是最好不要涉及的，如

◆ 政治问题。

◆ 宗教哲学问题。

◆ 收入问题。

◆ 流言蜚语。

◆ 性等较敏感的话题。

当然，如果是在大学中专门讲授一门宗教哲学课、经济论坛课等，使用有包含上述内容的课件时除外。

根据要讲述的内容使用合适的语言风格，而大多数的企业产品演示时，多使用严肃庄重的语言。

只有掌握了这些技巧，处理了诸上细节，并加以反复练习，才能成长为一名成功的演说家。大家一起努力吧！

第二部分 应用技巧篇

PowerPoint 2013是Office系列办公软件中的另一重要组件，用于制作和播放多媒体演示文稿,也叫PPT。本章将讲解PPT的一些基本操作，以及如何编辑幻灯片的内容等知识，以帮助读者快速掌握演示文稿的制作方法。

PPT基本操作技巧

7.1 幻灯片初步设置

在制作PPT之前，为了让操作过程更简洁，方便，还需要对其进行一些必要的设置，如视图的切换、文稿的自动保存以及保护幻灯片等，掌握了这些操作技巧能够帮助用户在制作过程中提高工作效率以及能避免一些不必要的损失。

7.1.1 切换视图模式

视图模式是显示演示文稿的方式，分别应用于创建、编辑、放映或预览演示文稿等不同阶段，主要有5种视图模式，若要切换到需要的视图模式，可通过以下两种方式实现。

◆ 切换到"视图"选项卡，在"演示文稿视图"组中，单击某个按钮即可切换到对应的视图模式。

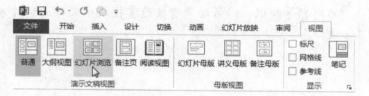

◆ 在PowerPoint窗口的状态栏右侧提供了视图按钮，该按钮共有4个，分别是"普通视图"按钮、"幻灯片浏览"按钮、"阅读视图"按钮和"幻灯片放映"按钮，单击某个按钮便可切换到对应的视图模式。

7.1.2 添加需快速执行的常用操作

在快速访问工具栏中默认只有三个快速访问按钮，为了提高操作速度，用户可以将一些常用命令添加到快速访问工具栏中。

Step 01 在功能区选项的任意位置单击鼠标右键，在弹出的快捷菜单中选择"自定义访问工具栏"命令。

Step 02 弹出"PowerPoint选项"对话框，在"从下拉位置选择命令"下拉列表中选择要添加的命令所在位置，如"常用命令"选项。

Step 03 在下方的列表框中选择需要添加的选项，然后单击"添加"按钮将其添加到右侧列表框中，完成后单击"确定"按钮。

7.1.3 根据已安装的主题创建演示文稿

如果希望创建带有格式或内容的演示文稿，可以利用PowerPoint提供的模板来实现，具体操作方法如下。

启动PowerPoint 2013程序，在打开的界面中将显示模板样式，双击需要的模板样式，如"积分"，然后在弹出的对话框中单击"创建"按钮即可。

7.1.4 设置演示文稿的保存选项

电脑在使用过程中难免会出现一些突发情况，导致演示文稿未保存就关闭，为了避免该类情况，则需要对演示文稿的保存选项进行设置，具体操作方法如下。

Step 01 切换到"文件"选项卡，单击"选项"按钮。

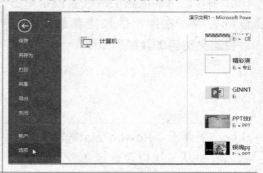

Step 02 打开"PowerPoint选项"对话框，切换到"保存"选项卡，在该选项卡中即可设置文档的保存选项。

"保存演示文稿"下各选项的说明如下。

◆ "将文件保存为此格式"：选择文档保存的默认格式，通常情况下设置为兼容模式，以便所保存文档能被PowerPoint 2007以前版本兼容。

◆ "保存自动恢复信息时间间隔"：设置保存一次自动恢复信息的时间间隔，建议设置为3分钟左右。

◆ "自动恢复文件位置"：设置自动恢复文档的保存位置。

◆ "默认文件位置"：保存文档时，"另存为"对话框默认打开的文件夹，建议将其设置为常用文件保存的文件位置。

7.1.5 显示标尺、网格和参考线

标尺在编辑幻灯片时主要用于对齐或定位各对象，使用网格和参考线可以对对象进行辅助定位，网格即为幻灯片中显示的方格，参考线是幻灯片中央的水平和垂直参考线，下面将讲解如何显示和隐藏标尺、网格及参考线。

Step 01 切换到"视图"选项卡,在"显示"组中勾选"标尺"和"网格线"复选框,"幻灯片编辑"窗口中可显示标尺和网格线。

Step 02 单击右下角的"其他"按钮。

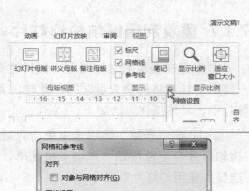

Step 03 在打开的"网格和参考线"对话框中还可以进行更精确的设置。

提示:取消选中的"标尺"和"网格线"复选框,标尺和网格线被隐藏。

7.1.6 增加PPT的"后悔药"

编辑演示文稿时,如果操作错误,可以单击工具栏中的"撤销"按钮进行恢复。然而,在默认情况下,PPT最多只能恢复最近的20次操作。其实,PPT允许用户最多可以"反悔"150次,具体操作方法如下。

切换到"文件"选项卡,单击"选项"命令,在弹出的"选项"对话框中,切换到"高级"选项卡,将"最多可取消操作数"设置为需要的值即可。

7.1.7　重复利用以前的幻灯片

　　如果正在编辑的文稿需要用到其他演示文稿中的几张幻灯片，若重新制作与之一样的幻灯片将耗费大量时间，此时，为了提高工作效率可以直接将其插入新建幻灯片中，具体操作方法如下。

Step 01 在"开始"选项卡中单击"新建幻灯片"下拉按钮，弹出下拉菜单，选择"重用幻灯片"命令。

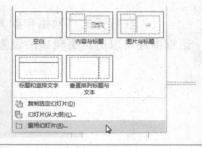

Step 02 在窗口右侧将弹出"重用幻灯片"对话框，在"从以下源插入幻灯片"文本框中输入需要使用的演示文稿的完整路径，或单击"浏览"按钮，选择"浏览文件"命令。

Step 03 打开"浏览"对话框，选择需要引用其幻灯片的演示文稿，然后单击"确定"按钮。

Step 04 在返回的"重用幻灯片"窗格中将会显示所引用演示文稿中的所有幻灯片，在列表框中选择需要的幻灯片，单击鼠标右键根据需要选择插入幻灯片即可。

> **提示：** 将其他演示文稿中幻灯片插入到新建演示文稿中后，幻灯片将应用该演示文稿中默认版式，若需要应用所引用幻灯片源格式，则需要在"重用幻灯片"窗格下方勾选"保留源格式"复选框即可。

7.1.8 使用"节"功能

　　合理使用PowerPoint中的"节"功能，将整个演示文稿划分成若干个小节来管理，这样一来，将有助于规划文稿结构；同时，编辑和维护起来也能大大节省时间，下面详细介绍如何使用"节"功能。

Step 01 打开演示文稿，选中第1张幻灯片，切换到"开始"选项卡，单击"幻灯片"组中的"节"按钮，在弹出的菜单中单击"新建节"命令。

Step 02 此时演示文稿中的所有幻灯片被创建为一节，默认节名称为"无标题节"，右键单击节标题，在弹出的快捷菜单中单击"重命名节"命令。

Step 03 弹出"重命名节"对话框，在文本框中输入节名称，然后单击"重命名"按钮。

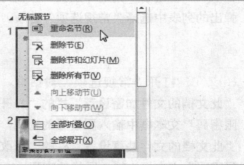

Step 04 选中要作为第2节的第1张幻灯片，单击鼠标右键，在弹出的菜单中单击"新建节"命令。

Step 05 此时该幻灯片及其后的幻灯片被创建为第2小节，使用同样的方法为所有幻灯片分节，并为每个小节重命名节标题即可。

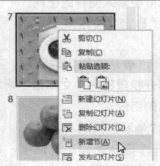

> 提示：对于已经设置好"节"的演示文稿，将"视图"模式切换为"幻灯片浏览"，可以更全面、更清晰地查看页面间的逻辑关系。

7.1.9 为演示文稿设置打开和修改密码

加密保存可以防止演示文稿在未授权的情况下被其他用户打开或修改，增强了文档的安全性，对演示文稿进行加密，具体操作方法如下。

Step 01 切换到"文件"选项卡，单击"另存为"按钮。

Step 02 在右侧窗格中将显示"另存为"选项，单击"浏览"按钮。

Step 03 在弹出的"另存为"对话框中，设置好相关保存参数。

Step 04 单击右下角的"工具"按钮，在弹出的列表中选择"常规选项"选项。

Step 05 打开"常规选项"对话框，在"此文档的文件加密设置"栏的"打开权限密码"文本框中输入要设置的密码，在"此文档的文件共享设置"栏的"修改权限密码"文本框中输入同样的密码。

Step 06 单击"确定"按钮。

Step 07 打开"确认密码"对话框，在"重新输入打开权限密码"文本框中再次输入前面输入的密码。

Step 08 单击"确定"按钮。

Step 09 打开"确认密码"对话框，在"重新输入修改权限密码"文本框中再次输入密码，单击"确定"按钮返回"另存为"对话框，单击"确定"按钮关闭该对话框。

> 提示：设置密码保存再次打开该演示文稿将弹出一个对话框，只有在文本框中输入密码后才能打开该演示文稿。

7.2 幻灯片内容的添加与编辑

> 文本是幻灯片中表达演讲主题的主要元素，输入文字后，为了使幻灯片更具艺术性，美感，还需要对文字进行各种艺术效果设置。

7.2.1 选择和移动文本

在编辑文本之前首先要选择文本，如果文本所在的位置不正确，可以在选择文本后将其移动到正确的位置，具体操作方法如下。

Step 01 选定需要移动文字的幻灯片，将光标移动到要选择的文字上方，此时光标变为I形。

Step 02 在要选择的文字开始位置单击鼠标左键，并按住不放拖动到要选择的文字的结束位置释放鼠标，被选择的文本将呈半覆盖状态。

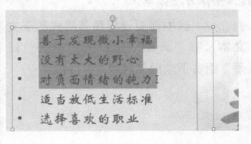

Step 03 按下"Ctrl+X"组合键剪切文本。被选中的文本在剪切后被保存在剪贴板中。

Step 04 选择文字移动后的目的幻灯片，将光标定位到需要粘贴文本的位置，按"Ctrl+V"组合键粘贴文本，完成文本的移动操作。

7.2.2 快速调节文字字号

在PowerPoint中输入文字后要调节其大小，通常需要返回"开始"选项卡重新为其设置字号，其实我们有两个更加简便的方法，且该类方法对于Microsoft Office办公软件均适用。

◆ 选中文字后按"Ctrl+]"组合键是放大文字。
◆ 选中文字后按"Ctrl+["组合键是缩小文字。

> 提示：用于阅读的文字最好大于12为宜，用于演示的幻灯片文字建议大于16号。

7.2.3 设置段落格式

同Office软件的其他组件类似，除了可以设置文本格式外，在PowerPoint中还可以设置段落格式，如行间距等。下面以在演示文稿中设置段落格式为例进行讲解，具体操作方法如下。

Step 01 选中需要设置段落格式的正文文本，在"开始"选项卡中单击"段落"组右下角的"其他"按钮。

Step 02 打开"段落"对话框，在"间距"栏的"段后"数值框中输入数值，如"6磅"。

Step 03 在"行距"下拉列表框中选择"多倍行距"选项，并在"设置框"数值框中输入数值，如"1.5"。

Step 04 单击"确定"按钮。

7.2.4 让文本更整齐

在并列的文本内容中为了让文本看起来更整齐，可以添加项目符号或编号，默认项目符号为实心小圆点，如果应用了主题，那么项目符号会根据主题的变化而变化。下面以为文本添加设置项目符号和编号为例进行讲解，具体操作方法如下。

Step 01 选择需要添加项目符号的所有文本，单击"段落"组中 ≡ · 按钮的下拉三角按钮。

Step 02 在弹出的下拉列表中选择"项目符号和编号"选项。

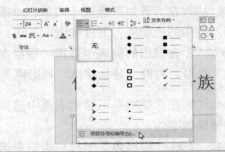

Step 03 在弹出的对话框的列表框内选择一种合适的样式。

Step 04 在"大小"微调框中输入数值；在"颜色"下拉列表中选择一种合适的颜色。

Step 05 单击"确定"按钮返回演示文稿，即可看见生成的项目符号。

Step 06 选择需要添加编号的所有文本，单击"段落"选项组中 ≔ 按钮右侧的下拉三角按钮。

Step 07 打开"项目符号和编号"对话框，在"编号"选项卡中的列表框中选择一种符号样式；设定"大小"和"颜色"。

Step 08 单击"确定"按钮即可。

> 提示：若需要用图片作为项目符号，则可在"项目符号"选项卡内单击"图片"按钮，根据提示进行"添加图片"操作即可。

第07章

7.2.5 批量快速的替换字体

　　创建多张幻灯片后，在每张幻灯片中都可能有多种不同的字体，使用PowerPoint提供的替换字体功能，则可以将幻灯片中同一种字体方便、快速地替换成其他字体，具体操作步骤如下。

Step 01 在"开始"选项卡内单击"编辑"组中的"替换"下拉按钮。

Step 02 在弹出的列表中选择"替换字体"命令，打开"替换字体"对话框。

Step 03 在"替换"下拉列表框中选择要替换的字体。

Step 04 在"替换为"下拉列表框中选择要替换为的字体。

Step 05 单击"替换"按钮开始替换。

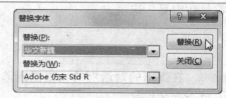

7.2.6 将字体嵌入到演示文稿中

　　在编辑演示文稿时，如果幻灯片中使用了电脑预设以外的字体，就需要掌握字体的嵌入方法，否则在别人的电脑上播放用户自己的幻灯片时，就可能会全部显示为宋体，从而大大降低了幻灯片的表现力，嵌入字体的操作步骤如下。

Step 01 单击"文件"按钮，在弹出的"文件"菜单中单击"选项"按钮。

Step 02 打开"PowerPoint选项"对话框，在左侧列表中单击"保存"选择。

Step 03 勾选"将字体嵌入文件"复选框。

Step 04 单击"确定"按钮关闭对话框即可。

PowerPoint提供了以下两种字体嵌入选项。

◆ 不完全嵌入：仅嵌入演示文稿中所使用字体，在任何电脑中都能正确预览字体，但电脑缺乏某些字体时只能观看，无法编辑，文件较小。

◆ 完全嵌入：嵌入所有字体，在所有电脑中都能执行观看和编辑操作，但文件较大，且保持时间较长。

> 提示：建议在所有操作完成，准备交稿时再将字体嵌入；若对文件大小没有明确限制，建议采用完全嵌入模式。

7.2.7 使用格式刷复制对象格式

在编辑幻灯片时，有时需要使用其他文稿中的配色方案或格式设置等，这时可以使用格式刷来复制这些配色方案、格式设置。具体操作步骤如下。

Step 01 打开需要复制其幻灯片格式的演示文稿，切换到"视图"选项卡，单击"窗口"组中的"全部重排"按钮，将两个演示文稿以普通视图重排到一个PowerPoint窗口中。	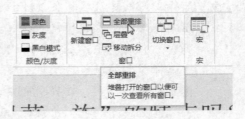
Step 02 选中需要使用其格式的幻灯片，在"开始"选项卡的"剪贴板"组中单击"格式刷"按钮。	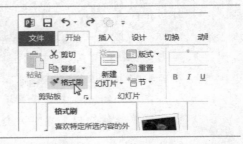
Step 03 此时光标变为 形状，将移动到需要复制格式的幻灯片上，单击鼠标即可将格式复制到该幻灯片中。	

7.2.8 设置文本框的填充效果

　　PowerPoint 2010提供了多种主题填充效果，其边框与填充色搭配效果较好，任意选择一种即可制作出专业的效果。文本框填充效果主要有以下几种。

　　◆　选择文本框后，在"格式/形状样式"组中单击左侧列表框中的下拉按钮，在弹出的所有主题填充效果下拉列表中选择任意一种填充效果后可将其更改为对应的样式。

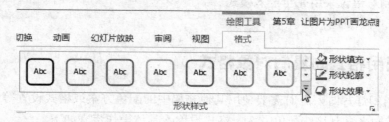

　　◆　选择文本框对象后，在"格式/形状样式"组中，单击"形状填充"按钮，在弹出的下拉列表的"主体颜色"和"标准色"栏中选择所需的颜色色块可为文本框的内部填充对应的样式；在弹出的下拉列表中单击"其他填充颜色"选项，打开"颜色"对话框，在"标准"选项卡中可选择统一的标准颜色，在"自定义"选项卡中可选择更多的颜色种类。

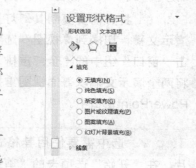

　　◆　在文本框上单击鼠标右键，在弹出的快捷菜单中选择"设置形状格式"命令，在打开的窗格中选择"填充"选项卡，选中"纯色填充"、"渐变填充"等单选按钮后，在下方会显示相应的设置选项，用户可根据需要进行设置。

7.2.9 设置文字效果

　　设置文本效果是指设置文本框中的文字格式，如快速设置样式、填充效果、轮廓效果和文本的特殊效果等，下面进行详细讲解。

　　◆　设置主题文本效果：选中文本框中的文本后，选择"格式/艺术字样式"

组，单击列表框中的下拉按钮，在弹出的下拉列表中选择任意一种文本效果选项即可将文本应用为对应的样式。

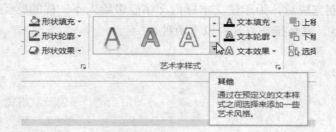

◆　设置文本填充效果：选择文本框中的文本后，在"艺术字样式"组中单击"文本填充"按钮，在弹出的下拉列表中选择相应选项即可。

◆　设置文本特殊效果：设置文本特殊效果也就是为文本设置阴影、倒影、发光和立体效果等，只是文本特殊效果多了一项"转换"效果，在"转换"子菜单中列出了多种文本的排列效果，而且为文本设置三维旋转效果后还可以再设置转换效果，使效果更加真实。

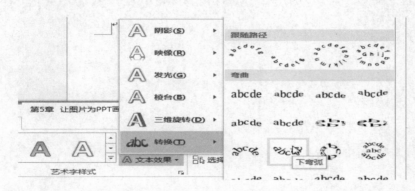

◆　设置文本轮廓效果：设置文本轮廓效果是指在输入的文本周围加一圈边线，而且用户可根据需要设置轮廓线的颜色、线型和粗细等。选择文本框中的文本后，在"艺术字样式"组中单击"文本轮廓"按钮，弹出相应的下拉列表，在其中选择相应选项即可。

> 提示：在设置主题文本效果后，还可以取消应用的文本效果，其方法为：选择"格式/艺术字样式"组，单击列表框中的 ▾ 按钮，在弹出的下拉列表中选择"清除艺术字"选项即可。

7.2.10 让文本框更具表现力

文本框绘制完成后，为了使文本框内文字能带给人不一样的感受，还可对文本框进行旋转设置，具体操作方法有以下两种。

◆　选中需要设置旋转角度的文本框，将鼠标移动到文本框上方的绿色小圆圈处，此时鼠标将呈逆时针或顺时针旋转方向显示，拖动鼠标旋转文本框即可。

◆　除了通过鼠标拖动文本框调整文字旋转之外，还可以对其设置文本框的精确放置角度，操作方法为：选中文本框，在"格式"选项卡的"排列"组中单击"旋转"按钮，在弹出的窗格中选择"其他效果选项"命令，打开"设置形状格式"对话框，在"旋转"文本框中输入精确角度值即可。

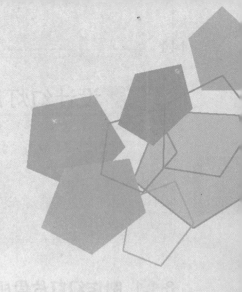

第二部分 应用技巧篇

幻 灯片的"母版"、"模板"和"主题"共同构成幻
灯片的版式，它们的关系是密不可分的。利用这些
功能不仅可以快速统一演示文稿的内容、文字格式、形
状样式以及幻灯片配色，甚至能起到影响整个演示文稿
风格的作用。

设计幻灯片版式技巧

8.1　设计幻灯片母版

幻灯片母版可用来为所有幻灯片设置默认的版式和格式，在PowerPoint 2013中有3种母版，分别为幻灯片母版、讲义母版和备注母版。设置演示文稿的母版既可以在创建演示文稿后进行，也可以在将所有幻灯片的内容和动画都设置完成后再进行。

8.1.1　制作幻灯片母版

幻灯片母版是用于存储模板信息的设计模板，这些模板信息包括字形、占位符大小和位置、背景设计和配色方案等，下面以制作一个简单样式的母版为例，讲解幻灯片母版的制作，具体操作方法如下。

Step 01 新建一个演示文稿，切换到"视图"选项卡。

Step 02 单击"母版视图"组中的"幻灯片视图"按钮。

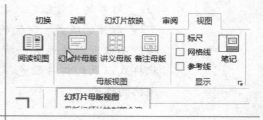

Step 03 母版界面的左侧，会默认新建母版样式，单击"背景样式"下拉列表框。

Step 04 在弹出的下拉列表框中选择合适的背景样式，此时母版中所有页面将应用该样式。

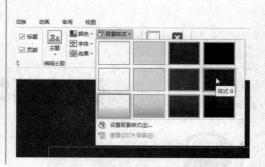

此时一个简单的模板就完成了，当然，为了更具美观度，还可以添加更多对象，如图形、图片、文本框等，而且还需要对字体格式等进行进一步的美化，这几点将在之后进行分步详解。

8.1.2 快速统一文档风格

在制作演示文稿时，有时还需设置统一的文本格式、背或标志等，通过修改母版可以对演示文稿中所有使用同一母版的幻灯片进行批量修改，具体操作方法如下。

Step 01 依次单击"视图"→"幻灯片母版"按钮。

Step 02 演示文稿将切换到"幻灯片母版"视图，在左侧列表框中选中需要更改的幻灯片对应的母版。

Step 03 在右侧窗格中单击选中"标题"占位符，切换到"开始"选项卡。

Step 04 在字体组中单击相应按钮可对字体格式进行设置。

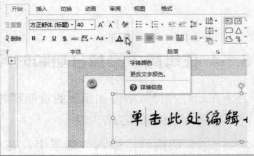

Step 05 切换到"格式"选项卡，可对标题的"形状样式"、"艺术字样式"和"排列方式"等进行设置。

8.1.3 在母版中添加占位符

在母版中偶尔需要在母版中添加日期、页脚等信息，此时则需要修改母版版式，在其中添加相应的占位符即可，具体操作方法如下。

Step 01 依次单击"视图"→"幻灯片母版"按钮，切换到"幻灯片母版"视图。

Step 02 在"母版版式"组中单击"母版版式"按钮。

Step 03 弹出"母版版式"对话框，选中"日期"和"页脚"复选框。

Step 04 单击"确定"按钮，在返回的母版中即可查看所添加的页脚与日期占位符，根据需要将其调整至合适大小和位置即可。

8.1.4 在母版中添加日期和时间

在幻灯片母版中添加相应的日期和时间占位符后，即可快速插入自动更新的时间和日期，具体操作方法如下。

Step 01 切换到"插入"选项卡，在"文本"选项组中单击"日期和时间"按钮。

Step 02 在弹出的"页眉和页脚"对话框中，勾选"日期和时间"复选框。

Step 03 选择"自动更新"单选项，单击"日期"下拉按钮，在弹出的菜单中选中日期格式。

Step 04 单击"全部应用"按钮即可。

> **提示：** 在弹出的"页眉和页脚"对话框中，勾选"页脚"复选框，在下面的文本框中可输入相关页脚信息，勾选"标题幻灯片中不显示"复选框，然后单击"全部应用"按钮，即可在母版中插入页脚。

8.1.5 创建幻灯片的自定义版式

在创建演示文稿过程中，偶尔PowerPoint中内置幻灯片版式并不能完全满足实际操作需要，此时则需要用户自定义幻灯片版式，具体操作方法如下。

进入"幻灯片母版"视图，在用户添加自定义版式前，先选择版式的缩略图，然后在"编辑母版"组中单击"插入版式"按钮，此时，在选择自定义版式幻灯片上方将出现自定义版式。

8.1.6 在母版中插入公司标志

大多数企业都有自己的公司标志，在制作业务推广或销售培训演示文稿时，在幻灯片中插入公司标志能够有更好的宣传作用，具体操作方法如下。

Step 01 进入"幻灯片母版"视图，选中幻灯片母版，切换到"插入"选项卡。

Step 02 单击"插图"组中"图片"按钮。

Step 03 弹出"插入图片"对话框，找到并选中公司标志图片。

Step 04 单击"插入"按钮，此时即可看到标志已插入到母版中，根据需要调整图片大小并将其移动到页面合适位置即可。

8.2　应用模板与主题

> 演示文稿的模板是主题的一部分，在制作演示文稿时若能熟练掌握模板与主题的使用，将为演示文稿增色不少。

8.2.1　将母版保存为模板

在PowerPoint 2013中，若要将母版保存为模板，只需使用"另存为"命令将文件保存为"PowerPoint模板（*.potx）"即可，具体方法如下。

母版设置好后，再三检查，然后切换到"文件"选项卡，单击"另存为"命令，弹出"另存为"对话框，设置文件名及保存路径，并选择"保存类型"为"PowerPoint模板（*.potx）"，完成后单击"保存"按钮即可。

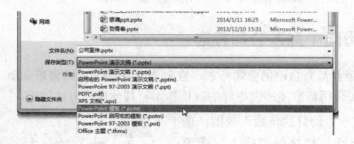

8.2.2　使用模板制作演示文稿

模板创建完成后，需要通过"主题"来进行应用。应用模板可以在制作演示文稿之初进行，也可以先将内容添加完毕再应用模板。

Step 01 新建一个演示文稿，将幻灯片内容添加完成。

Step 02 切换到"设计"选项卡，单击"主题"组右下角的"其他"按钮。

Step 03 在弹出的列表框中单击下方的"浏览主题"命令。

Step 04 弹出"选择主题或主题文档"
对话框，选中之前保存的模板文件。
Step 05 单击"应用"按钮。

第08章

此时，模板中的母版设置会自动套用到新的演示文稿中，包括字体格式、背景、图形、效果等。

8.2.3 为幻灯片设置个性化的背景

幻灯片是否美观，背景十分重要。在演示文稿中切换"设计"选项卡，然后单击"背景"组中的"背景样式"按钮，在弹出的下拉列表中提供了几款内置背景色样式，用户根据需要进行选择即可。

Step 01 打开需要编辑的演示文稿，在
"设计"选项卡中单击"自定义"组中
的"设置背景格式"按钮。

Step 02 弹出"设置背景格式"窗格，
选择需要作为背景的图片。
Step 03 选中"图片或纹理填充"单选
项。
Step 04 在展开的列表下单击"文件"
按钮。

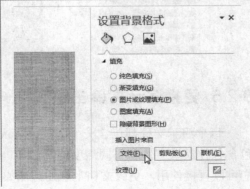

Step 05 在弹出的"插入图片"对话框中选择需要作为背景的图片。

Step 06 单击"插入"按钮即可将该图片作为背景。

8.2.4 设置幻灯片主题颜色

　　幻灯片模板的颜色不是一成不变的,用户可以通过设置幻灯片的背景颜色的方法来改变。PowerPoint也内置了许多幻灯片模板的主题颜色,用户在需要时可以根据需要更改。具体操作步骤如下。

　　选中需要更改幻灯片模板的主题颜色的幻灯片,切换到"设计"选项卡,单击"变体"组中的"其他"按钮,在弹出的列表中选择"颜色"命令,在弹出的列表中选择任意一种颜色即可。

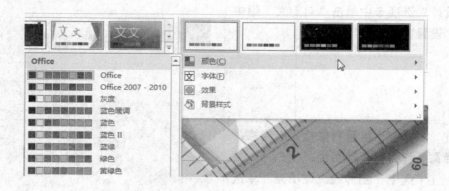

8.2.5 更换演示文稿主题

　　每个演示文稿都包含一个主题,默认的是 Office 主题,它具有白色背景,同时包含各种默认字体和不同深度的黑色。PowerPoint 2013预置了许多好看的主题,我们可以直接使用,更改文档主题的方法如下。

　　新建一个演示文稿,切换到"设计"选项卡,然后单击"主题"组右下角的

"其他"按钮，在弹出的列表框中选择一种合适的主题样式即可。

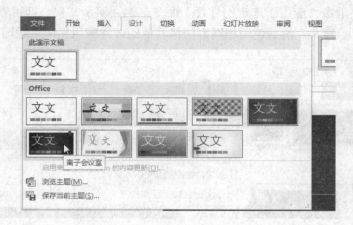

8.2.6 让新建文稿自动套用现有主题

PowerPoint中默认使用的主题样式是"空白页"，若需要新建演示文稿每次自动套用主题，可以设置其默认主题样式，具体操作方法如下。

切换到"设计"选项卡，在"主题"选项组中单击列表框右侧的下拉按钮，在需要的主题上单击鼠标右键，在弹出的快捷菜单中选择"设置为默认主题"命令，新建演示文稿页面将显示设置默认主题样式。

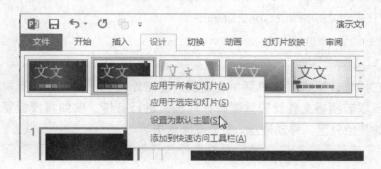

8.2.7 单个演示文稿应用多个主题

一个演示文稿中只有一个主题会显得单调，为了丰富幻灯片表达效果，可以在单个幻灯片中应用多个主题效果，具体操作方法如下。

按住Ctrl键不放，然后使用鼠标左键依次单击选中需要设置的幻灯片，切换到

"设计"选项卡,在"主题"组中展开列表,在合适主题上单击鼠标右键,在弹出的快捷菜单中单击"应用于选定幻灯片"命令。返回演示文稿,即可查看所选中文稿已变成设置后样式,然后使用相同方法将其他幻灯片应用相应主题即可。

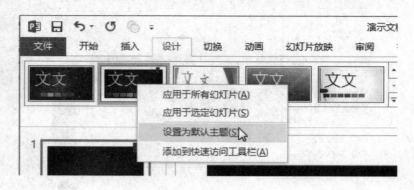

8.2.8 演示文稿模板的收集

PPT制作是一个循序渐进的过程,只有准备充分才能制作一个精美的PPT,为了在制作演示文稿时"临危不乱",平时也应注意对模板的收集,例如在一些比较专业的PPT模板网站中进行下载。

下面推荐几家比较受欢迎的PPT模板网站。

◆ 无忧PPT: http://www.51ppt.com.cn/
◆ PPT资源之家: http://ppthome.net/
◆ 扑奔PPT: http://www.pooban.com/

> 提示: 在操作计算机过程中偶尔会出现一些意外情况,并导致计算机内数据丢失,所以若模板文件比较重要建议对模板进行备份,譬如将模板复制到该计算机的其他分区、移动硬盘、U盘或网盘中等。

第二部分 应用技巧篇

在幻灯片中图形是必不可少的操作，图文并茂的幻灯片不仅形象生动，而且更容易引起观众的兴趣，并更能表达演讲人的思想。图形既可以是自带的SmarArt图形，也可以是自己绘制的自选图形。图形运用得当、合理，就可以更直观、准确地表达事物之间的关系。

图形与对象应用技巧

9.1 插入与编辑图片

> PowerPoint2013中提供了丰富的图片处理功能，可以轻松插入电脑中的图片文件，并可以根据需要对图片进行裁剪、设置亮度或对比度，以及设置特殊效果等编辑操作。

第09章

9.1.1 在幻灯片中插入图片

演示文稿以展示为主，除了文本外，图片是必不可少的。所以在制作演示文稿之前，一般都需要收集与此相关的图片，插入图片的具体操作方法如下。

选择需插入图片的幻灯片，切换到"插入"选项卡，单击"图像"组中的"图片"按钮。在打开的"插入图片"对话框中，选择需要插入的图片，然后单击"插入"按钮即可。

9.1.2 使用相册功能

用常规的插入图片方法，虽然能快速地插入多张图片，但是并不能方便地将图片分配在不同的幻灯片中。当要制作一个以图片展示为主的演示文稿时，可以使用PowerPoint的相册功能。

Step 01 新建一个演示文稿，切换到"插入"选项卡，单击"图像"组中的"相册"下拉按钮。 Step 02 在打开的菜单中单击"新建相册"命令。	
Step 03 弹出"相册"对话框，单击左上角的"文件/磁盘"按钮。	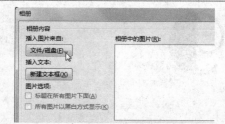

Step 04 弹出"插入新图片"对话框，按下"Ctrl"键，选中要插入的多张图片。

Step 05 单击"插入"按钮。

Step 06 选中的图片被添加到"相册中的图片"列表中，选中某个图片可以在右侧预览，还可以利用下方的"上移"或"下移"按钮调整图片在幻灯片中的顺序。

Step 07 选中某个图片后，单击左侧的"新建文本框"按钮，可在该图片下方插入一个空文本框，这个文本框也会占一张图片的位置，可在生成相册后为图片添加说明。

Step 08 单击"图片版式"下拉按钮，在弹出的列表中选择每张幻灯片中图片数量。

Step 09 单击"相框形状"下拉按钮，在打开的列表中选择相框样式。

Step 10 单击"主题"栏的"浏览"按钮，在弹出的对话框中选择合适主题。

Step 11 单击右下角的"创建"按钮，即可生成一个新的演示文稿。

　　演示文稿的第1张幻灯片相当于封面，标题是"相册"，副标题则是"用户信息"，在后面的幻灯片中，每张幻灯片会插入两张图片。

9.1.3 对图片进行自定义裁剪

在PPT中，对于插入到文档中的图片，如果只需要保留图片的某一部分，则可将其余部分裁剪掉。裁剪图片的操作步骤如下。

双击图片，切换到"绘图工具/格式"选项卡，在"大小"组中单击"裁剪"下拉按钮，在弹出的列表中选择"裁剪"选项，此时图片四边的控制点变成线条形状，四个角的控制点变成直角形状，将鼠标指针指向控制点上按住左键进行拖动，然后按下"Enter"键即可。

> 提示：通过以上操作，图片并不是真的被剪掉了，而是隐藏，若需要还原图片，只需反方向拉伸剪切按钮即可恢复。

9.1.4 将文本框保存为图片

在制作文字的动画效果时，偶尔为了让文字动作更加自然，则需要将编辑后的文本框另存为图片格式后，再对其设置动作，具体操作方法如下。

选中文本框内文字，按下"Ctrl+X"组合键剪切文本，然后单击"开始"选项卡"剪贴板"中"粘贴"下拉按钮，在弹出的菜单中单击"图片"图标即可。

9.1.5 去除图片纯色背景

删除背景功能可以方便地为图片按照图片中的颜色进行局部删除，所以这个

功能适合对大色块的图片进行局部裁剪。

打开演示文稿，选中幻灯片中的图片，切换到"格式"选项卡，然后单击"调整"组中的"删除背景"按钮，此时图片将变成下面的状态，其中洋红色为要删除的区域，通过调整控制点可以改变洋红色区域，调整完成后单击"保留更改"按钮，即可将图片背景删除。

9.1.6 调整图片的饱和度和色温

色彩饱和度是色彩的构成要素之一，指的是色彩的纯度，纯度越高，表现越鲜明；纯度低，表现则较黯淡。色温是表示光源光谱质量最通用的指标，通过对图片的饱和度和色彩进行调整能带给人不一样的感觉，具体操作方法如下。

选中演示文稿中的图片，切换到"格式"选项卡，单击"调整"组中的"颜色"下拉按钮，在弹出的列表中，根据需要设置图片的饱和度、色调、颜色即可。

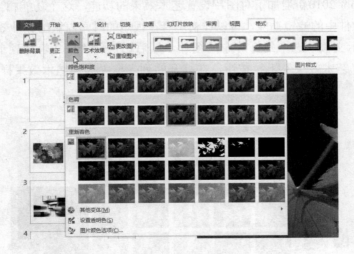

9.1.7 图片的锐化和柔化

图片的锐化可以把图片中的每个像素点明显地区别开，表现出来的效果就是线条和图片轮廓更加明晰；而图片的柔化则正好相反，可以使图片中的每个像素朦胧和虚化，表现出来的效果就是图片变得更加模糊。

Step 01 打开演示文稿，选中图片并单击鼠标右键，在弹出的快捷菜单中单击"设置图片格式"命令。

Step 02 弹出"设置图片格式"窗格，在窗格中单击"图片"按钮，切换到"图片"选项卡。

Step 03 展开"图片更正"列表，在预设中选择合适的柔化、锐化效果即可。

9.1.8 为图片添加艺术化效果

PowerPoint 2010新增加了对图片设置艺术效果的功能，这个功能相当于使用了专业图形设计软件中的滤镜功能，可以让初学者在很短的时间内做出各种效果的图片。

打开演示文稿，选中幻灯片中的图片，然后切换到"格式"选项卡，单击"调整"组中的"艺术效果"下拉按钮，在打开的列表框中选择艺术效果样式即可。

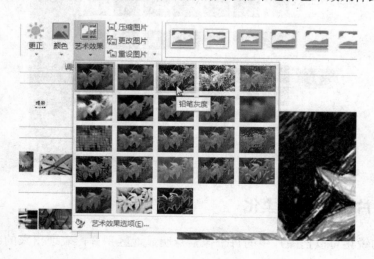

9.1.9 设置图片特殊显示效果

这里所谓的设置图片特效是指给图片设置特殊的显示效果，如发光、阴影等。下面以设置发光为例，介绍具体的操作步骤。

选中需要更改样式的图片，切换到"图片工具/格式"选项卡，单击"图片样式"组中的"图片效果"下拉按钮，在弹出的菜单中根据需要选择合适的效果即可。

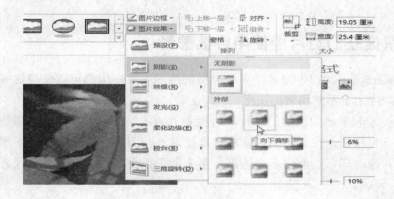

9.1.10 快速更改图片样式

PowerPoint具备了强大的图片处理功能，许多需要借助专业图片处理才能完成的操作，在PowerPoint中可以一步到位，例如要设置图片的样式。可以按照下面的操作步骤来完成。

选中需要更改样式的图片，切换到"图片工具/格式"选项卡，单击"图片样式"组中图片样式列表框的"其他"下拉按钮，显示出所有可用的图片样式，选择一种合适的图片样式，然后单击该样式即可将样式应用到图片中即可。

9.2　添加与编辑图形

> 　　PowerPoint 2013提供了非常强大的绘图工具，包括线条、几何形状、箭头、公式形状、流程图形状、星、旗帜、标注以及按钮等。用户可以使用这些工具绘制各种线条、箭头和流程图等图形。

9.2.1　快速在幻灯片中使用自选图形

　　在PowerPoint 2013中提供了多种类型的绘图工具，用户可以使用这些工具在幻灯片中绘制应用于不同场合的图形。

　　选择要绘制形状图形的幻灯片，切换到"插入"选项卡，单击"插图"组中的"形状"下拉按钮，在弹出的列表中选择任意一种图形，此时鼠标呈＋形状，按住鼠标左键并拖动即可绘制出多个图形，多个图形组合即可形成一些有代表意义的图示。

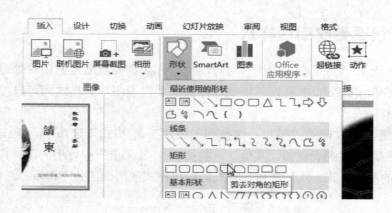

9.2.2　使图形快速对齐

　　在PowerPoint 2013中无需目测幻灯片上的对象以查看它们是否已对齐，当对象（图片、形状等）距离较近且均匀时，智能参考线会自动显示，并告诉对象的间隔均匀。

9.2.3 设置图形效果

绘制好图形后，可以为图形添加一些特殊效果，例如阴影、发光、映像、棱台等，下面以设置具有立体感的棱台效果为例进行介绍。

选中幻灯片中的一个或多个形状图形，切换到"格式"选项卡，单击"形状样式"组中的"形状效果"按钮，在弹出的下拉菜单中选择合适的形状效果即可。

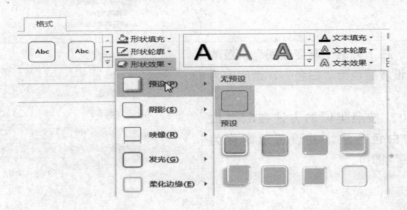

9.2.4 使用形状设置图片遮罩效果

通过使用形状图形，为幻灯片添加遮罩效果能够对幻灯片的美化起到一定作用，在实际操作中非常的实用，具体操作如下。

Step 01 打开演示文稿，并在其中插入图片。

Step 02 在"插入"选项卡中单击"插图"组中的形状按钮，在弹出的菜单中选择"矩形"形状。

Step 03 绘制一个与图片大小相同的矩形形状图形，将图片覆盖。 Step 04 在所绘制的"矩形"形状上单击鼠标右键，在弹出的菜单中选择"设置形状格式"命令。	
Step 05 打开"设置形状格式"窗格，在"填充"选项卡内选择"渐变填充"单选项。	设置形状格式 形状选项　文本选项 ▲ 填充 ○ 无填充(N) ○ 纯色填充(S) ◉ 渐变填充(G) ○ 图片或纹理填充(P) ○ 图案填充(A) ○ 幻灯片背景填充(B)
Step 06 在下方的"渐变光圈"位置的最左侧设置颜色为"白色"，透明度为"0%"。 Step 07 按照类似的方法在55%位置添加白色色块，并设置透明度为"100%"即可。	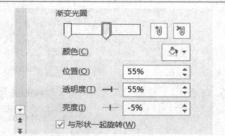

提示：若需要更改渐变色的填充方向，可直接单击"方向"下拉列表框，在弹出的下拉列表中选择需要的方向即可。

9.2.5 将多个对象组合成一个对象

　　幻灯片中图形较多的时候，容易出现选择和拖动的混乱和不便，这时可以将属于一个整体的多个对象进行组合，使之成为一个独立的对象。

　　选中绘制的一个或多个形状图形，单击鼠标右键，在弹出的快捷菜单中单击"组合"→"组合"命令，组合后的多个图形将成为一个整体，可以同时被选择和拖动。

第09章

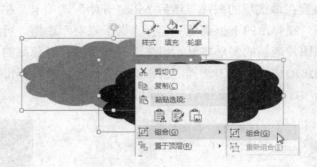

第09章

> 提示：要取消图形的组合状态，只需在组合的图形上单击鼠标右键，然后在弹出的快捷菜单中单击"组合"→"取消组合"命令即可。

9.2.6 合并常见形状

合并形状是PowerPoint 2013的一项新功能，对多个形状执行合并操作后，形状将变为一个新的自定义形状和图标，具体操作方法如下。

选中绘制的两个或多个形状，然后单击"绘图工具/格式"选项卡中"合并形状"下拉按钮，在弹出的列表中根据实际需要选择合适的合并效果即可。

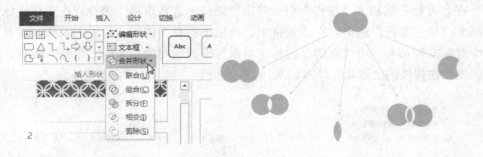

9.2.7 调整多个对象的叠放次序

在放映幻灯片时，若幻灯片中的多张图片或图形重叠放置，放在下层的图片将被上层的图片遮挡部分内容，为了更好地显示出幻灯片内容，需要调整多个对象的叠放次序，具体操作方法如下。

　　选中需要放置在最底层的图片，然后单击"开始"选项卡，在"绘图"组中单击"排列"按钮，在弹出的下拉菜单中选择"置于底层"选项，所选图片将被放置于最底层，被该图片遮挡的图形将显示出来。选择需要暂时隐藏的一张图片，单击鼠标右键，在弹出的快捷菜单中选择"置于底层"命令，再在弹出的子菜单中选择"下移一层"选项，将图片向下移动一层即可将其隐藏。

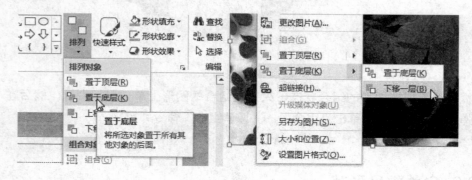

9.2.8　隐藏重叠的多个对象

　　如果在幻灯片中插入很多对象，如图片、文本框、图形等，在编辑时这些对象将不可避免地重叠在一起，妨碍我们工作，为了让它们暂时消失可以通过以下方法实现。

　　在"开始"选项卡"编辑"组中单击"选择→选择窗格"命令。在工作区域的右侧会出现"选择"窗格。在该窗格中，列出了所有当前幻灯片上的对象，并且在每个对象右侧都有一个"眼睛"图标，单击想隐藏的对象右侧的"眼睛"图标，就可以把挡住视线的"形状"隐藏起来。

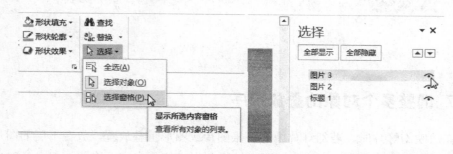

9.3 应用SmartArt图形

SmartArt图形是信息和观点的视觉表示形式，通过不同形式和布局的图形代替枯燥的文字，从而快速、轻松、有效地传达信息。

9.3.1 添加SmartArt图形到演示文稿

SmartArt图形在幻灯片中插入的一种方法是直接在"插入"选项卡中单击"SmartArt"按钮，具体操作方法如下。

打开需要插入SmartArt图形的幻灯片，切换到"插入"选项卡，单击"插图"组中的"SmartArt"按钮，弹出"选择SmartArt图形"对话框，在左侧列表中选择分类，如"循环"，在右侧列表框中选择一种图形样式，这里选择"基本循环"图形，完成后单击"确定"按钮即可。

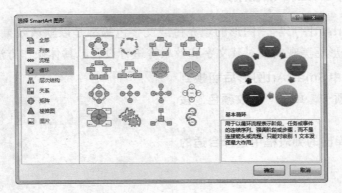

提示：如果要添加形状，则在某个形状上单击鼠标右键，在弹出的快捷菜单中单击"添加形状"→"在后面添加形状"命令即可。

9.3.2 巧用SmartArt图形制作多图排版

SmartArt图形中有一类图形可以在其中插入图片文件，利用该功能我们可以制作出绚丽的多图排版效果，这些效果看起来很复杂，其实很简单，具体操作方法如下。

Step 01 在"插入"选项卡中单击"插图"组中的"SmartArt"按钮。

Step 02 弹出"选择SmartArt图形"对话框，切换到"图片"选项卡，选择一种样式插入。

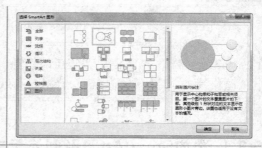

Step 03 返回所编辑幻灯片即可查看插入后的SmartArt图形，单击其中的 按钮，插入需要的图片即可。

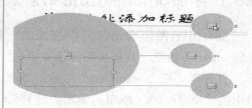

9.3.3 美化SmartArt图形

插入SmartArt图形后，图形的填充色或文字色等都是以默认效果显示的，为了使插入后的图形更美观需要对其文字和效果等进行设置，具体操作方法如下。

Step 01 选中SmartArt图形后切换到"设计"选项卡，单击"更改颜色"按钮。

Step 02 在弹出的列表框中选择合适的颜色。

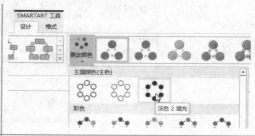

Step 03 单击"SmartArt样式"组右下角的"其他"按钮。

Step 04 在弹出的列表框中单击"三维"组中的第一种效果，返回所编辑文稿即可查看到所编辑效果。

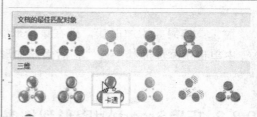

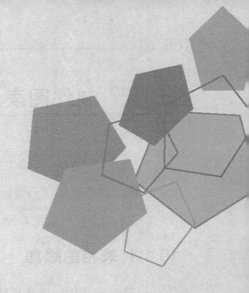

第二部分　应用技巧篇

在实际使用中，为了让演示文稿更具说服力，在幻灯片中添加表格和图表就会让人更容易接受和理解了，此外还可添加多媒体内容，幻灯片中一旦加入了多媒体元素，可以让幻灯片增色很多，极大地丰富了演示文稿的效果，也体现出制作演示文稿时的"结合"原则。

图表与多媒体应用技巧

10.1　制作图表

> 对于无法删减，而用文本又不能详细叙述的内容，使用表格是一种很理想的选择，将数据分门别类地存放在表格中，使得数据信息一目了然。

10.1.1　表格的添加

打开演示文稿，选择需要插入表格的幻灯片，在"插入"选项卡"表格"组中单击"表格"按钮，在弹出的下拉列表中单击相应的选项，即可通过不同的方法在文档中插入表格。

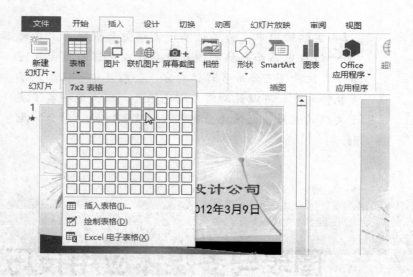

10.1.2　将外部表格插入到幻灯片中

将表格以对象的形式从其他程序导入到PPT，可使插入的幻灯片保留其原有的格式，具体操作方法如下。

Step 01 选择需要导入对象的幻灯片，在"插入"选项卡的"文本"组中单击"对象"按钮。

Step 02 打开"插入对象"对话框，在其中选中"由文件创建"单选按钮。
Step 03 单击"浏览"按钮。

Step 04 打开"浏览"对话框，选中包含目标表格的工作表。
Step 05 单击"确定"按钮。
Step 06 返回"插入对象"对话框，单击"确定"按钮即可将该数据插入到幻灯片中。

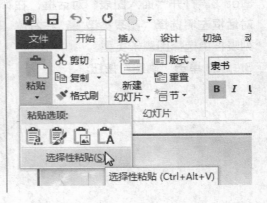

10.1.3 插入数据随源表格自动更新的表格

若想让幻灯片中导入后数据内容随源表格内容改变而改变，可使用链接方式插入表格，具体操作方法如下。

Step 01 在源工作簿中选择需要的单元格区域后按下"Ctrl+C"组合键复制。
Step 02 切换到PPT中，在"开始"选项卡的"剪贴板"组中单击"粘贴"下拉按钮。
Step 03 在弹出的下拉菜单中选择"选择性粘贴"命令。

Step 04 打开"选择性粘贴"对话
框，选中"粘贴"链接单选项。
Step 05 在"作为"列表框中选择
"Microsoft Excel 工作表"选项。
Step 06 单击"确定"按钮即可。

> 提示：与直接复制粘贴到幻灯片中的表格类似，但是通过此方法插入的表格
> 数据只能通过Excel应用程序进行修改。

10.1.4 创建一幅合适的图表

使用图表可以轻松地体现数据之间的关系。因此，为了便于数据进行分析比
较，可以使用PowerPoint提供的图表功能在幻灯片中插入图表，具体操作方法如
下。

Step 01 打开演示文稿，选择需要插入
图表的一张幻灯片，在"插入"选项卡
单击"插图"组中"图表"按钮。

Step 02 打开"插入图表"对话框，在
对话框左侧选择"图表类型"，在右侧
列表框中选择图表子类型。
Step 03 单击"确定"按钮。

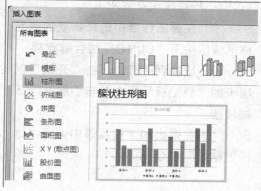

Step 04 系统自动启动Excel 2013，在蓝色框线内的相应单元格中输入数据，单击⊠按钮，退出Excel 2013。

Step 05 返回到"幻灯片编辑"窗口，可以看到在相应占位符位置插入的图表。

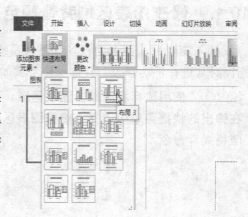

10.1.5 根据数据特点选择图表

不同的图表类型适合表现不同的数据，在选择图表时需要根据数据的特点来选用图表，下面简单介绍各种类型的图表。

◆ 条形图：用于强调各个数据之间的差别情况。

◆ 折线图：用于显示某段时间内数据的变化及其变化趋势。

◆ 饼图：只适用于单个数据系列间各数据的比较，显示数据系列中每一项占该系列数值总和的比例关系。

◆ 圆环图：用来显示部分与整体的关系，但圆环图可以含有多个数据系列，它的每一环代表一个数据系列。

◆ 雷达图：由一个中心向四周辐射出多条数据坐标轴，每个分类都拥有自己的数值坐标轴，并由折线将同一系列中的值连接起来。

10.1.6 设置图表布局方式

将图表标题、图例和坐标轴名称等合理放置，能使图表更具美观性，具体操作方法如下。

选择需要更改图表布局的图表，切换到"图表工具-设计"选项卡，单击"快速布局"下拉按钮，在弹出的列表框中选择合适的布局方式即可。

10.1.7 设置图表内图位置

一般情况下，图表右侧还有一个用于说明图表中各项数据含义的图例，用户可以根据情况设置它在图表中位置，具体操作方法如下。

选中图表，切换到"设计"选项卡，在"图表布局"组中单击"添加图表元素"下拉按钮，在弹出下拉菜单中选择"图例"选项，再在弹出的快捷菜单中根据需要进行选择即可。

10.1.8 突出显示数据标签

在饼图中可以在每个饼图上方显示出相应的数据，即数据标签，对数据标签进行突出显示可以使图表中数据更清晰明了，具体操作方法如下。

在图表中单击任意一个"饼图"图形，即可选中所有"饼图"图形，切换到"设计"选项卡，在"快速布局"组中单击"添加图表元素"下拉按钮，在弹出的下拉菜单中选择"数据标签"选项，再在弹出的快捷菜单中根据选择"居中"选项即可。

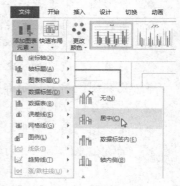

10.1.9 修改图表区域背景颜色

插入图表后，图表的背景颜色为系统自动填充，若该颜色不能满足用户需求，则需对其进行手动修改，具体操作步骤如下。

Step 01 使用鼠标右键单击图表区域，在弹出的快捷菜单中选择"设置图表区域格式"命令。

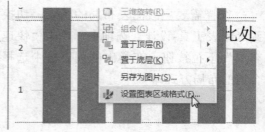

Step 02 弹出"设置图表区格式"窗格，切换到"填充"选项卡，然后在右侧的"填充"窗格中根据需要选择方式颜色即可。

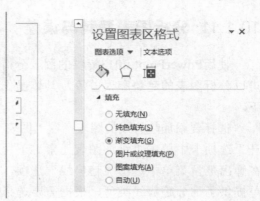

10.1.10 修改绘图区域的颜色

修改了图表背景之后，背景色的颜色可能会与绘图区原有颜色搭配不当，为了使图表背景与绘图区颜色的搭配相得益彰、且更具观赏性，可根据需要设置绘图区颜色。

Step 01 选中图表区，单击鼠标右键，在弹出的快捷菜单中选择"设置绘图区格式"命令。

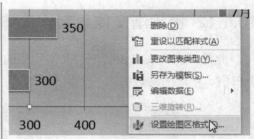

Step 02 在"填充"窗格中根据需要选择合适的填充类型即可。

10.1.11 分析图表趋势与误差

使用PowerPoint 2013提供的图表分析功能，可以分析图表的趋势和误差等，具体操作方法如下。

选择要添加趋势线的图表，在"图表工具-设计"选项卡中单击"添加图表元素"下拉按钮，在弹出下拉菜单中单击"趋势线"选项，快捷菜单提供了部分趋势线类型，根据需要选择合适的趋势线类型即可。

提示：单击"趋势线"选项后，在弹出的菜单中单击"其他趋势线选项"命令，在弹出的窗格中可根据需要自定义趋势线颜色、线性等样式。

10.1.12 使用渐变效果制作立体图形

此外，在图表内还有一种非常实用的渐变——高光。通过在图形的表层添加一个白色、半透明到透明的一个渐变图形，将图形立体化，如下图所示。

高光的操作很简单，掌握一种绘制方法即可举一反三，需要注意的是，根据图形形状的不同所绘半透明图形也是具变化性的，下面以最常见的圆形和矩形高光为例，介绍其制作方法。

Step 01 在页面中绘制两个直角矩形和一个圆角矩形，填充合适的形状背景，并将其拼接为长条形图标。

Step 02 对条形图而言，通常使用矩形制作高光，在"插入"选项卡内单击"形状"按钮，在弹出的快捷菜单中选择"矩形"形状。

Step 03 在条形图上方绘制一个矩形形状，单击鼠标右键，在弹出的快捷菜单中选择"设置形状格式"命令。

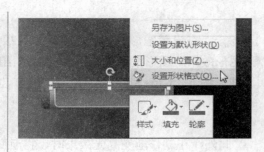

Step 04 在打开的"设置形状格式"窗格中切换到"填充"选项卡，单击"渐变填充"单选项。

Step 05 将填充类型更改为"线性"，方向为"向下"。

Step 06 单击"光圈1"，将颜色更改为"白色"，设置透明度为40%。

Step 07 单击"光圈2"，把透明度改为100%。

Step 08 在下方"线条"栏下，单击"无线条"单选项。

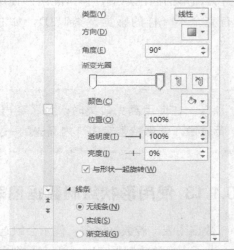

Step 09 对高光而言，一般光线会有一定角度，所以左上角还需要加入另一个高光，在左上角绘制一个小小的椭圆形状，选中该形状，打开"设置形状格式"对话框，按照与之前相同的方式设置渐变效果，在"大小属性"选项卡内设置其旋转度数。

Step 10 "关闭"窗格即可查看高光设置的最终效果。

第
10
章

提示：在设置图形的效果时，可以直接对图形效果进行复制，选中需要复制图形效果的图形按下"Ctrl+Shift+C"组合键，然后选中需要粘贴图形效果的图形按下"Ctrl+Shift+V"组合键即可。

此外，在制作渐变高光效果时，将渐变设置为图形的同色渐变，再搭配阴影使用，会有完全不一样的感觉，类似3D，如右图所示。

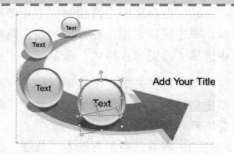

提示：在使用高光效果时，为了突出其效果，一般会将高光用于颜色较暗的背景中，并保持整套PPT内高光的一致性。

10.1.13 使用形状绘制数据图表

数据图表，若数据过多，偶尔会缺乏一定的表现力，看客看起来会觉得伤神。此时，为了让视觉效果更突出，可以选择用形状绘制数据图表，具体操作方法如下。

Step 01 在使用形状绘制图表时，为了方便对齐数据，应先在"视图"选项卡内勾选"网格线"复选框。

Step 02 在空白幻灯片背景上绘制横坐标轴及数值。

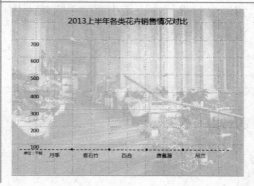

第 10 章

Step 03 根据数据类型把相应的数据以圆形标注出来，并根据实际情况更改其外观样式。

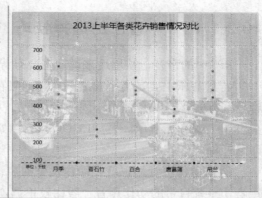

Step 04 依次单击"插入"→"形状"→"任意多边形"命令。

Step 05 鼠标变为十字型，在第一个红色圆形标准上单击，直到最后一个红色标注，绘制完毕后双击鼠标左键或按下"Esc"键。

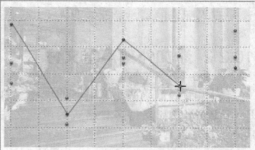

Step 06 按照相同的方法绘制另两条线，并填充与圆形标准相应的颜色。

Step 07 按下"Ctrl"键，依次单击圆球标注，在任意选中的标注上单击鼠标右键，在弹出的快捷菜单中单击"置于顶层"→"置于顶层"命令，将圆形标注置于顶层。

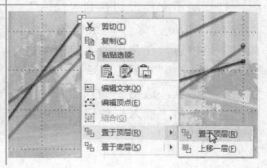

10.2 添加与设置音频

　　演示文稿并不是一个无声的世界，为了突出整个演示文稿的气氛，可以为演示文稿添加贯穿始终的背景音乐；为了增加动画效果，还可以为动画添加音效。

第
10
章

10.2.1　PPT中音乐的选择技巧

　　PPT中的声音，从用途来说，主要有背景音乐、动作声音和真人配音三种。

　　背景音乐主要是为了营造气氛，而且在使用时，常把片头背景音乐和内页背景音乐区分开，也就是使用不同的音乐。片头音乐往往节奏感较强，内页则适合轻柔类音乐，或者无音乐。譬如LOGO动画，如果再加上激昂背景音乐，相比会让观众印象深刻。

　　所谓动作声音，也就是动作发生的声音，包括幻灯片切换和自定义动画的两种声音，系统自带的动作声音一般比较单调，总之，也不太实用。

　　真人配音的话，除非专业人士，一般并不太使用……

10.2.2　添加外部声音文件

　　为了增强播放演示文稿时的现场气氛，经常需要在演示文稿中加入背景音乐。PowerPoint 2013支持多种格式的声音文件，下面介绍如何在幻灯片中插入外部声音文件。

　　打开演示文稿，切换到"插入"选项卡，单击"媒体"组中的"音频"下拉按钮，在弹出的菜单中单击"PC上的音频"命令，弹出"插入音频"对话框，选中要插入的音频文件，然后单击"插入"按钮，即可将音频插入到幻灯片中。

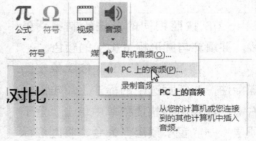

10.2.3　设置声音播放方式

　　在幻灯片中插入音频后，还可以根据需要对音频的播放进行设置，例如让音频自动播放、循环播放或调整声音大小等。

　　选中幻灯片中的声音模块，切换到"播放"选项卡，在"音频选项"内可以设置声音的播放方式。

第10章

◆ 单击"音量"按钮，在弹出的菜单中可以设置声音的大小。
◆ 单击"开始"下拉按钮，在弹出的下拉列表中可以选择音频的播放方式。
◆ 勾选"循环播放，直到停止"复选框，则在放映时会循环播放该音频直到切换到下一张幻灯片或有停止命令时。如果不勾选该复选框，声音文件只播放一遍便停止。

10.2.4 裁剪声音文件

在PowerPonit中还提供了声音文件的裁剪功能，可以对幻灯片中的音频设置开始时间和结束时间，具体操作方法如下。

选中幻灯片中的声音模块，切换到"播放"选项卡，单击"编辑"组中的"剪裁音频"按钮，弹出"剪裁音频"对话框，分别拖动进度条两端的绿色和红色滑块来设置开始时间和结束时间，设置完成后单击"确定"按钮。

提示：在"编辑"组中还可以通过设置"淡入"和"淡出"参数来为音频设置淡入淡出的效果。

10.2.5 定时播放音频文件

在某些演示文稿中，需要设置声音在幻灯片播放开始一定时间后才开始播放声音，此时则需要对声音的播放效果进行设置，具体操作方法如下。

选择添加音频文件的幻灯片，切换到"动画"选项卡，在"计时"组中根据需要

进行设置即可。

10.2.6 精确控制声音的播放范围

在某些演示文稿中，可能不需要播放音乐前奏，也可能一段音乐只需在其中某一范围的幻灯片内播放，此时则需要设置音频的播放范围，具体操作方法如下。

Step 01 选择添加音频文件的幻灯片，切换到"动画"选项卡，在"高级动画"组中单击"动画窗格"按钮。

Step 02 打开"动画"窗格，单击需要设置效果声音右侧的下三角按钮，在弹出的菜单中选择"效果选项"命令。

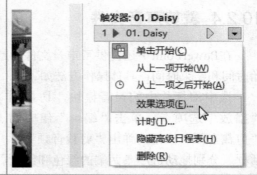

Step 03 打开"播放音频"对话框，切换到"效果"选项卡。

Step 04 在"开始播放"组合框中选中"开始时间"单选项，并在其右侧的数值框中设置开始时间。

Step 05 选中"停止播放"组合框中"在……张幻灯片后"单选项，并设置音频停止播放时所处幻灯片位置。

Step 06 单击"确定"按钮。

10.3 添加视频

在PPT中，用户不仅可以插入声音文件，还可以为其添加视频文件，使演示文稿变得更加生动有趣，本节将主要介绍幻灯片中视频的插入与设置。

10.3.1 多渠道选用视频文件

除了联机视频外，用户还可以插入电脑中存储的其他视频文件，如AVI、MPEG、ASF、WMV和MP4等。

选择需要添加视频的幻灯片，切换到"插入"选项卡，单击"媒体"组中的"视频"下拉按钮，在弹出的菜单中选择需要插入视频的方式即可。

10.3.2 个性化视频窗口

为了使插入的视频更加美观，可以通过"格式"选项卡对视频进行各种设置，如更改视频亮度和对比度、为视频添加视频样式等，具体操作方法如下。

选中幻灯片中的视频文件，切换到"格式"选项卡，然后单击"视频样式"组右下角的"其他"按钮，在弹出的样式列表框中选择视频样式即可。

> 提示：在"格式"选项卡的"调整"组中，还可以对视频的亮度、对比度和颜色等选项进行设置。

10.3.3 视频播放设置

在幻灯片中插入视频文件后，默认需要用户单击该视频的播放按钮后才能播放，但在某些情况下需要在打开幻灯片之后自动播放视频，此时就需要对视频进行设置了，具体操作如下。

在视频幻灯片中选择需要设置自动播放的视频对象，切换到"视频工具 播放"选项卡，在选项卡内还可以剪切视频、设置视频淡入与淡出时间，以及设置播放模式等，具体操作与音频操作方法类似，这里将不再做详细讲解。

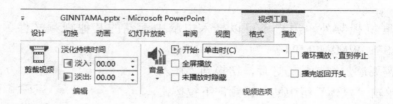

10.3.4 保持视频的最佳播放质量

在插入视频后，过于随意的调整了影片尺寸，容易导致视频在播放过程中出现模糊或失真等现象，保持视频的最佳播放质量可通以下操作进行设置。

Step 01 选择需要设置视频分辨率的视频对象，切换到"视频工具 格式"选项卡，在"大小"组中单击"功能扩展"按钮。

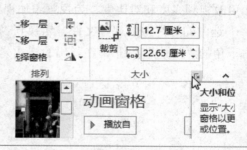

Step 02 打开"设置视频格式"对话框，勾选"幻灯片最佳比例"复选框，在"分辨率"下拉列表中根据需要选择合适的分辨率即可。

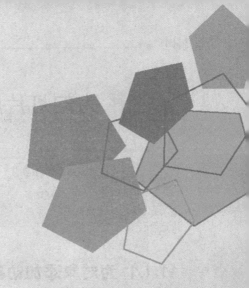

第二部分 应用技巧篇

动画是各类演示文稿中不可缺少的元素，它可以使演示文稿更富有活力、更具吸引力，同时也可以增强幻灯片的视觉效果，增加其趣味性。在制作演示文稿时可以为幻灯片中的任意对象设置动画，并且可以设置幻灯片的切换方式，不过这些设置在放映幻灯片时才能体现出来。

动画效果应用技巧

1

11.1 为幻灯片应用动画

> 一个好的演示文稿除了要有丰富的文本内容外，还要有合理的排版设计、鲜明的色彩搭配以及得体的动画效果。本节将对动画的应用技巧进行相关讲解。

11.1.1 为对象添加动画效果

所谓动画，就是在幻灯片放映时，利用一种或多种动画方式让对象出现、强调以及消失的一个过程，设置对象动画的具体操作方法如下。

在打开的演示文稿中选择需要设置动画效果的幻灯片，然后选中需要设置动画效果的对象，在"动画"选项卡单击"动画"组中的"其他"按钮，在弹出的下拉列表选择合适的进入、强调以及退出动画效果即可。

> 提示：动画设置后，单击"动画"组中的"效果选项"按钮，在弹出的列表中选择可设置该动画效果更多选项。

11.1.2 为同一对象添加多个动画效果

为了让幻灯片中对象的动画效果丰富、自然，有时还可以对其添加多个动画效果，具体操作方法如下。

　　选中已添加了动画效果的某个对象，在"动画"选项卡的"高级动画"组中单击"添加动画"按钮，在弹出的下拉列表中选择需要添加的第2个动画效果即可。

11.1.3　让对象沿轨迹运动

　　让指定对象沿轨迹运动，可以为对象添加路径动画。PowerPoint 2013共有三大类几十种动作路径，用户可以直接使用这些动作路径。设置动作路径的操作步骤如下。

　　切换到"动画"选项卡，然后在"动画"组中单击列表框中的按钮，在弹出的列表中选择"动作路径"栏中的任意动作效果即可。鼠标指针将呈铅笔形状，此时可按住鼠标左键不放，然后拖动鼠标进行绘制即可。

　　提示：单击"添加效果"下拉按钮，在弹出的列表中选择"其他动作路径"命令，打开"添加动作路径"对话框，可以选择更多动作路径选项。

11.1.4　使用格式刷快速复制动画效果

　　通过使用动画刷功能，可以对动画效果进行复制操作，即将某一对象中的动画效果复制到另一对象上，具体操作步骤如下。

在幻灯片中选中设置了动画效果的对象，切换到"动画"选项卡，单击"高级动画"组中的"动画刷"按钮，此时，鼠标指针呈 状，直接单击要应用动画效果的另一对象，便可实现动画效果的复制。

11.1.5 让文字在放映时逐行显示

放映演示文稿时，如果希望幻灯片中的文字能够逐行显示，可先将需要逐行显示的每行文字作为单独的一段，然后选中这些文字，并添加一种"进入"式动画方案中的某种动画效果即可。

通过这样的操作后，每行文字都将分别添加一个动画效果，此后放映演示文稿时就会逐行显示。

> 提示：在PowerPoint 2013中选中文本框添加动画效果后，文本框内的段落（一行的段落）便会逐行显示，若没有逐行显示，可进行设置。其方法为：在"动画"组中单击"效果选项"按钮，在弹出的下拉列表中单击"按段落"选项即可。

11.1.6 查看指定对象的动画效果

在下载的优良PPT中，经常都会有一些酷炫效果的动画效果，从视觉上并不能抓出所有动作，此时就需要在动画窗格中查看动画效果了，具体操作方法如下。

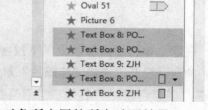

选择需设置的动画选项，切换到"动画"选项卡，在"高级动画"组中单击"动画窗格"按钮，打开动画窗格，用鼠标单击需要查看动画效果对象，在动画窗格中将显示该对象所应用的所有动画效果。

11.1.7 改变动画播放的顺序

在动画效果列表中各动画的排列顺序就是播放顺序，如果播放顺序有误，可进行调整，其方法主要有如下两种。

◆ 通过鼠标拖动调整：在动画效果列表中选择要调整的动画选项，按住鼠标左键不放进行拖动，此时有一条黑色的横线随之移动，当横线移动到需要的目标位置时释放鼠标即可。

◆ 通过单击按钮调整：在动画效果列表中选择要调整的动画选项，单击上方的向上按钮该动画效果选项会向上移动一个位置，单击向下按钮会向下移动一个位置。

11.1.8 使多段动画依次自动播放

在播放动画效果时，有时不同的动作需要同时播放才能符合常识，比如物体由远及近的淡出与缩放；此外动作之间也需要具有连贯性，这种情况下就需要设置动画的依次自动播放，具体操作方法如下。

在"动画"窗格中选中需要设置的动作后，单击鼠标右键在弹出的快捷菜单中选择"从上一项之后开始"命令，该动作将在上一动作结束后开始。

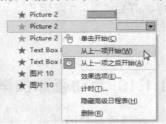

> 提示：在动画窗格中选择动作后，在"动画"选项卡的"计时"组中单击"开始"下拉列表框，在弹出的下拉列表中选择"上一动画之后"也可进行相同设置。

11.1.9 设置动画效果

无论是进入、强调还是退出动画，每一种动画都有具体的设置，且设置方法类似，具体操作方法如下。

Step 01 选中已设置动画后对象，在"动画"组中单击"效果选项"按钮，即可从下拉列表中选择需要的效果。

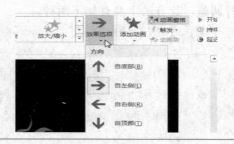

Step 02 如果需要设置更详细的动画效果，可在"动画窗格"中右击需要设置的动画效果，在弹出的菜单中单击"效果选项"命令。

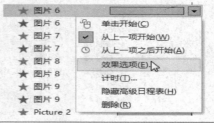

Step 03 打开相应的对话框，在"效果"选项卡内可以设置具体的动画效果。

Step 04 在"计时"选项卡内可设置动画的"开始"、"延迟"、"期间"等选项……

11.1.10 为动画添加声音

在播放对象的动画效果时，还可添加相应的声音，其具体操作如下。

打开需更改动画的演示文稿，切换到"动画"选项卡，在"高级动画"组中单击"动画窗格"按钮，在打开的窗格中单击该动画效果右侧的下拉按钮，在弹出的列表中选择"效果选项"命令，弹出"参数设置"对话框，在"声音"下拉列表框中选择需要的声音，单击"确定"按钮即可。

第 11 章

11.1.11 设置动画效果的速度、触发点

每个动画效果都有相应的速度和触发点。不同的动画效果，其速度和触发点有所区别，读者在应用过程中应举一反三。下面以进入式动画方案中的"飞入"动画效果为例，讲解如何设置动画的速度和触发。

打开"动画窗格"窗格，在"动画窗格"中选中要设置的动画效果，这里选择"飞入"动画效果，然后单击右侧的下拉按钮，在弹出的下拉列表中单击"计时"选项，弹出参数设置对话框，切换到"计时"选项卡，在"开始"下拉列表中可设置播放时的触发点，在"期间"下拉列表中可设置动画的播放速度，然后单击"确定"按钮即可。

11.1.12 为幻灯片添加电影字幕式效果

用户可以将幻灯片中的文本设置成如电影字幕式的"由上往下"或"由下往上"的滚动效果，具体操作步骤如下。

选择要设置为字幕式滚动的文本内容，切换到"动画"选项卡，单击"动画"组中的"其他"按钮，在弹出的列表中选择"更多进入效果"命令，弹出"更改进入效果"对话框，在"华丽型"栏中选择"字幕式"选项，然后单击"确定"按钮。

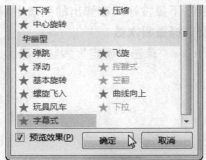

11.1.13 制作连续闪烁的文字效果

在需要突出某些内容时，可以将文字设置为比较醒目的颜色，然后添加自动闪烁的动画效果。设置闪烁动画效果的具体操作步骤如下。

Step 01 选中需要添加"闪烁"动画效果的文字，切换到"动画"选项卡，单击"动画"组中的"其他"下拉按钮。

Step 02 在弹出的下拉列表中选择"更多强调效果"命令，弹出"更改强调效果"对话框。

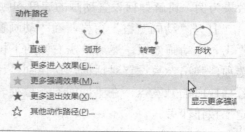

Step 03 在"华丽型"栏中选择"闪烁"选项。

Step 04 单击"确定"按钮。

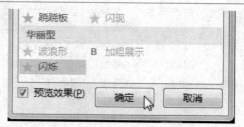

Step 05 单击"高级动画"组中的"动画窗格"按钮，在打开的动画窗格中单击"闪烁"动画效果右侧的下拉按钮，在弹出的列表中选择"计时"命令。

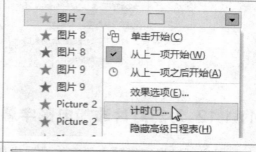

Step 06 在弹出的对话框中单击"重复"下拉按钮，在弹出的列表中根据需要选择重复次数。

Step 07 单击"确定"按钮即可。

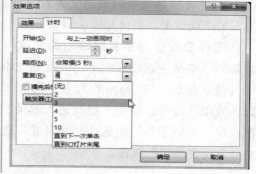

11.1.14 制作拉幕式幻灯片

这里所谓的拉幕式幻灯片是指幻灯片中的对象，按照从左往右或者从右往左的方向依次向右或向左运动，形成一个拉幕的效果。

Step 01 新建一篇空白演示文稿，将幻灯片的版式更改为"空白"。

Step 02 在幻灯片中插入一张图片，并将该图片调整至合适的大小。

Step 03 为该图片添加一种"进入"式动画效果，如"飞入"。

Step 04 打开"动画窗格"窗格，选中该动画效果，将播放方向设置为"自左侧"。

Step 05 将播放触发点设置为"上一动画之后"，将播放速度设置为"慢速（3秒）"。

Step 06 将该图片的动画效果设置好后，将其移动到工作区右侧的空白处。

Step 07 插入第2张图片，并对其添加一种"进入"式动画效果，其播放方向依然为"自左侧"。

Step 08 播放触发点为"上一动画之后"，播放速度为"慢速（3秒）"。

Step 09 将该图片移动到第1张图片处，可以与第1张图片重合，意在使所有图片运动时在同一水平线上。

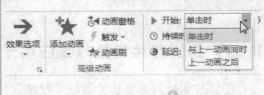

11.1.15 删除动画效果

对于不再需要的动画效果，可将其删除，其方法主要有以下两种，在"动画窗格"窗格中选中要删除的动画效果后，其右侧将出现一个下拉按钮，对其单击，在弹出的下拉列表中选择"删除"选项即可，选中要删除的动画效果，然后按下"Delete"键也可将其删除。

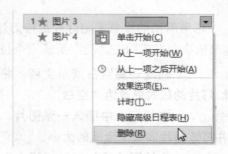

> 提示：在"动画窗格"窗格中，若单击"播放"按钮，可播放当前幻灯片中的所有动画效果。

11.2 设置幻灯片切换方式

> 幻灯片的切换方式是指在放映幻灯片时，一张幻灯片从屏幕上消失，另一张幻灯片显示在屏幕上的一种动画效果。一般在为对象添加动画后，可以通过"切换"选项卡来设置幻灯片的切换方式。

11.2.1 将幻灯片切换效果应用于所有页面

幻灯片切换效果是在"幻灯片放映"视图中从一个幻灯片移到下一个幻灯片时出现的动画效果。具体操作方法为如下。

Step 01 选择要设置的幻灯片，切换到"切换"选项卡，在"切换到此幻灯片"组的列表框中单击"其他"按钮。

Step 02 在弹出的下拉列表中可查看几天所提供的多种缩略图，选择合适的切换效果，如"棋盘"切换到效果。

Step 03 单击"效果选项"按钮，在弹出的下拉列表中选择该切换效果的切换方向。

Step 04 在"预览"组中单击"预览"按钮，即可查看幻灯片切换效果。

> 提示：在"计时"组中单击"全部应用"按钮，可以将该切换方式应用到所有幻灯片中。

11.2.2　设置幻灯片切换方式

设置幻灯片的切换方式也是在"切换"选项卡中进行的，其操作方法为：首先选择需要进行设置的幻灯片，然后选择"切换/计时"组，在"换片方式"栏中显示了"单击鼠标时"和"设置自动换片时间"两个复选框，选中它们中的一个或同时选中均可完成幻灯片换片方式的设置。在"设置自动换片时间"复选框右侧有一个数值框，在其中可以输入具体数值，表示在经过指定秒数后自动移至下一张幻灯片。

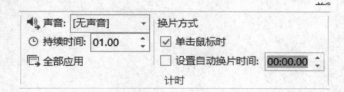

> 提示：若在"换片方式"组中同时选中"单击鼠标时"复选框和"设置自动换片时间"复选框，则表示满足两者中任意一个条件时，都可以切换到下一张幻灯片并进行放映。

第
11
章

11.2.3 删除切换效果

要删除演示文稿中所有幻灯片的切换效果，具体操作步骤如下。

选择要设置的幻灯片，切换到"切换"选项卡，在"切换到此幻灯片"组中的列表框中选择"无"选项，然后单击"计时"组中的"全部应用"即可。

第二部分　应用技巧篇

为演示文稿添加各种对象并进行美化，再为幻灯片添加各种精美的动画，目的只有一个，那就是为最终的放映做准备。演示文稿的放映是设置幻灯片的最终环节，也是最重要的环节，只有优秀的演示文稿加上完美的放映才能给观众带来一次难忘的视觉享受。

PPT放映技巧

12.1 应用超链接

在制作演示文稿时，并不一定要将所有内容都添加到幻灯片中，有些图片、Word文档或Excel数据源由于信息量大可以考虑采用与幻灯片对象进行超链接的方法来查看。

12.1.1 添加超链接

电脑中的文件，都能和幻灯片中的对象进行超链接，所以只要数据量较大或是有些可执行的程序文件不方便插入到幻灯片中，就可以考虑使用超链接的方法来操作。

Step 01 选中需要设置超链接的文字，单击"插入"选项卡下"链接"分类中的"超链接"按钮。

Step 02 打开"插入超链接"对话框，在对话框的左侧有几个链接目标分类，本例选择默认的"现有文件或网页"。
Step 03 单击右侧"查找范围"下拉按钮，查找并选择要链接的目标文件。
Step 04 单击"确定"按钮即可。

12.1.2 通过动作按钮创建链接

PowerPoint 2013提供了一组动作按钮，用户可以利用这些动作按钮使幻灯片放映时实现幻灯片之间的跳转、播放声音或激活另一个外部应用程序等操作，具体操作方法如下。

Step 01 打开需要创建链接的演示文稿，切换到"插入"选项卡，在"插图"组中单击"形状"按钮。

Step 02 在弹出的下拉列表中选择"动作按钮：前进或下一项"。

Step 03 执行操作后，在第1张幻灯片的右下角进行绘制，绘制完成后将会弹出"动作设置"对话框。

Step 04 在该对话框中将"超链接到"设置为"下一张幻灯片"。

Step 05 勾选"播放声音"复选框。

Step 06 在其下方的下拉列表中选择声音类型，如"微风"。

Step 07 设置完成后，单击"确定"按钮即可。

12.1.3 删除超链接

　　用户创建或者添加动作按钮之后，根据需要，有时会重新设置超链接的对象或者删除已经创建好的超链接，删除超链接的具体操作方法如下。

　◆　选中需要删除超链接对象，切换到"插入"选项卡，在"链接"组中单击"超链接"按钮，在弹出的对话框中单击"删除链接"按钮，执行该操作后即可将超链接删除。

　◆　除此之外，用户还可以在选择了要删除链接的对象后，单击鼠标右键，在弹出的快捷菜单中选择"取消超链接"命令。

12.2 做好放映前的准备

第12章

> PPT演示文稿制作完成后，有的由演讲者播放，有的让观众自行播放，这需要通过设置放映方式来进行控制。放映前的幻灯片设置包括幻灯片放映时间的控制、放映方式的选择及录制旁白等相关内容，本节将进行详细讲解。

12.2.1 设置幻灯片的放映方式

制作演示文稿的目的就是为了演示和放映。在放映幻灯片时，用户可以根据自己的需要设置放映类型，下面介绍如何设置幻灯片放映方式。

Step 01 打开演示文稿，切换到"幻灯片放映"选项卡,在"设置"组中单击"设置幻灯片放映"按钮。

Step 02 打开"设置放映方式"对话框。
Step 03 在"放映类型"选项组中单击"观众自行浏览"单选按钮。
Step 04 在"放映选项"选项组中勾选"循环放映，按Esc键终止"复选框。
Step 05 单击"确定"按钮。

12.2.2 指定幻灯片的播放

有时候根据场合的不同，或是放映时间的限制，PPT中所有幻灯片并不能一一放映，此时，为了避免在放映时让观众看到这些没有必要放映的幻灯片，可以通过两种操作方法实现。

- 限定幻灯片放映的起始页结束页。
- 隐藏不需要放映的幻灯片。

如果需要播放的幻灯片页连续，可通过限定幻灯片放映的起始页和结束页来指定需要播放的幻灯片，在"幻灯片放映"选项卡内单击"设置幻灯片放映"按钮，在打开的对话框中选中"从…到…"单选项，并设置幻灯片放映的实际范围，然后单击"确定"按钮即可。

如果只是少数几张幻灯片不播放，或需要播放的幻灯片不连续时，可以采取将不放映幻灯片隐藏的方法。选择需要隐藏的幻灯片，在"幻灯片放映"选项卡内，单击"隐藏幻灯片"按钮即可。

12.2.3 利用"排练计时"让幻灯片自动放映

排练计时就是在正式放映前用手动的方式进行换片，PowerPoint能够自动把手动换片的时间记录下来，如果应用这个时间，那么以后便可以按照这个时间自动进行放映观看，无须人为控制，具体操作方法如下。

Step 01 打开演示文稿，切换到"幻灯片放映"选项卡，在"设置"组中单击"排练计时"按钮。

Step 02 单击该按钮后，将会出现幻灯片放映视图，同时出现"录制"工具栏。

Step 03 当放映时间达到10秒后，单击鼠标，切换到下一张幻灯片，重复此操作。

Step 04 到达幻灯片末尾时，出现信息提示框，单击"是"按钮，以保留排练时间，下次播放时按照记录的时间自动播放幻灯片。

12.2.4 设置放映时不加动画或旁白

有时放映幻灯片，并不想要为幻灯片设置的动画效果，只是想要更方便地观看幻灯片的内容，设置放映幻灯片时不加动画的操作步骤如下。

切换到"幻灯片放映"选项卡，在"设置"组中单击"设置幻灯片放映"按钮，弹出"设置放映方式"对话框，在"放映选项"栏中勾选"放映时不加动画"复选框，然后单击"确定"按钮即可。

> 提示：通过上述步骤的操作后，在放映幻灯片时，将不会有动画效果出现，但是动画效果并没有被删除。

12.3 控制放映过程

> 在放映幻灯片时，用户还需要掌握放映过程中的控制技巧，如定位幻灯片、跳转到指定幻灯片页以及隐藏声音或鼠标指针等技巧。

12.3.1 自动缩略图效果

在放映演示文稿时，为了让客户更清晰地观看产品或其他类型的图片，常常需要通过单击图片的缩略图让其全屏显示。其实要制作这种效果方法非常简单，具体操作如下。

Step 01 切换到"插入"选项卡，单击"文本"组中的"对象"按钮。

Step 02 弹出"插入对象"对话框，选择对象类型为"Microsoft PowerPoint 演示文稿"。

Step 03 单击"确定"按钮。

第12章

Step 04 在演示文稿对象中插入一张图片，将其大小调整为演示文稿对象的大小，调整好对象位置后单击对象外部任意区域，退出对象编辑状态。

Step 05 按住"Ctrl"键不放拖动对象，根据需要将该对象复制多份，并排列好图片之间的位置。

Step 06 双击某个对象进入对象编辑状态，选中其中的图片后切换到"格式"选项卡。

Step 07 单击"更改图片"按钮。

Step 08 弹出"插入图片"对话框，选中要插入的第2张图片。

Step 09 单击"插入"按钮。

Step 10 使用同样的方法，将其他对象中的图片替换为所需要的图片，该幻灯片缩略图就制作完成了。

12.3.2　快速定位幻灯片

播放演示文稿时，可能会遇到快速跳转到某一张幻灯片的情况，如果演示文稿中包含几十张幻灯片，采用单击鼠标的方式进行切换就太麻烦了，此时就可以使用快速定位幻灯片功能，具体操作方法如下。

Step 01　在放映幻灯片时单击鼠标右键，在弹出的快捷菜单中选择"查看所有幻灯片"命令。

Step 02　此时所有幻灯片将呈缩略图显示，单击对应幻灯片即可进入指定页面。

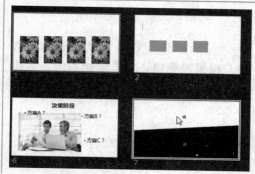

12.3.3　在放映过程中使用画笔标识屏幕内容

在放映幻灯片时，为了配合演讲可能需要标注出某些重点内容，此时可通过鼠标勾画，其具体操作步骤如下。

Step 01　单击鼠标右键，在弹出的快捷菜单中单击"指针选项"命令。
Step 02　在弹出的子菜单中选择所需的指针，如"笔"。

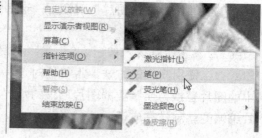

Step 03 再次单击鼠标右键，在弹出的
快捷菜单中单击"指针选项"命令，在
弹出的子菜单中选择"墨迹颜色"命
令。

Step 04 在弹出的颜色选择框中选择所
需的颜色。此时在需标注的地方拖动鼠
标，鼠标移动的轨迹就有对应的线条。
Step 05 按"Esc"键退出鼠标标注模
式。

12.3.4 取消以黑屏幻灯片结束

在PowerPoint中放映幻灯片时，每次放映结束后，屏幕总显示为黑屏。若此时
需继续放映下一组幻灯片，就非常影响观看效果。对于这种情况，可以使用下面的
方法解决。

切换到"文件"选项卡，单击"选项"命令，弹出"PowerPoint选项"对话
框，切换到"高级"选项卡，在"幻灯片放映"栏取消勾选"以黑幻灯片结束"复
选框即可。

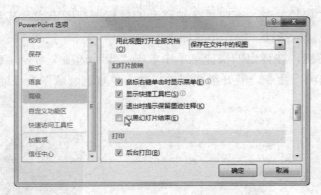

12.3.5 幻灯片演示时显示备注

很多用户会在制作演示文稿时使用"备注"来记录一些自己讲解时需要的要

点，但在"幻灯片放映"状态下如果将备注调出来看有点不合适，运用以下方法即可解决这一难题。

　　确认电脑已经与投影仪连接好，切换到"幻灯片放映"选项卡，单击"设置"组中的"设置幻灯片放映"按钮，弹出"设置放映方式"对话框，在"多监视器"栏勾选"使用演示者视图"复选框，在"幻灯片放映显示于"下拉列表中选择投影仪设备，完成后单击"确定"按钮即可。

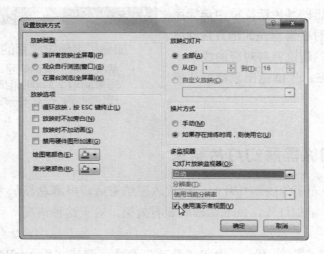

12.3.6　在放映时隐藏鼠标指针

　　观看演示文稿放映时，有时候会被移动的鼠标指针所干扰。其实，用户可以在播放时自动隐藏鼠标指针，操作步骤如下。

　　单击鼠标右键，在弹出的快捷菜单中单击"指针选项"命令，在弹出的子菜单中选择"箭头选项"命令，展开级联菜单，单击"永远隐藏"命令即可。

> **提示：** 播放演示文稿时，按下"Ctrl+H"组合键可快速隐藏鼠标指针；按下"Ctrl+A"组合键可以使被隐藏的鼠标指针重新显示。

12.3.7　黑/白屏的使用

在PPT演示开始之前和演示过程中，若需要观众暂时将目光集中在其他地方时，可以为幻灯片设置显示颜色，让内容暂时消失。

右击正在放映幻灯片的任意一处，在弹出的快捷菜单中依次单击"屏幕"→"黑屏"命令即可。

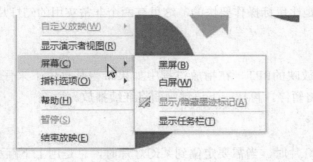

> **提示：** 幻灯片放映时，按下B键画面会自动黑屏，再按则回复；按W键白屏，再按则回复。

12.3.8　放映过程中快捷控制

在幻灯片放映时还可以使用很多快捷键来配合放映，在这些快捷键中有些非常常用，尤其是对于商务会议的演讲者来说就更应该牢记。

1. 用显示代替放映

通常我们都是先打开PPT后再执行"放映幻灯片"操作，其实还有一个简便方法：在PPT文件上直接单击鼠标右键，选择"显示"命令即可直接放映幻灯片。

第12章

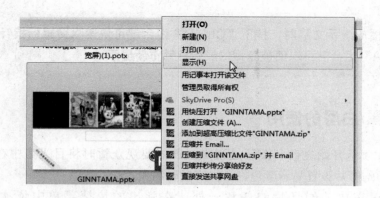

2. 幻灯片放映快捷键

快捷键总是比鼠标操作要快的，这里有两个非常实用的幻灯片放映快捷键：

◆　F5：无论在哪一页幻灯片上，按下该键，可直接从头放映幻灯片。

◆　Shift+F5：按下该组合键，幻灯片将直接从屏幕当前所在页面放映。

对于自动放映的PPT，在播放过程中如果希望某页停下来仔细讲解按下"S"键，所以动画将暂停，再按一下该键画面将继续播放。

3. 快速定位幻灯片

在放映幻灯片时，当需要定位到某幻灯片时，总是用上下翻页，或滚动滚轴，或退出后再定位到需要的幻灯片。

现在开始有简便方法了，只需按下"数字+Enter"组合键就可以直接放映希望的页面了，此外按下"Home"键和"Enter"键可直接跳转到幻灯片的首页和末页。

第三部分 行业实战篇

还记得自己看到的第一个教学课件么？是否背景五颜六色、千篇一律，文字密密麻麻……活脱脱一个典型的有碍观瞻。现在，轮到自己了，要背景合适、文字可见度高，又要内容详细，重点突出……怎么办？详情请见本章。

制作教学课件演示文稿

13.1 使用母版统一PPT风格

课件类PPT一般内容比较多，且互相关联，所以在设计PPT主题时尽量使用一些简洁或纯色图片，这样才能容纳更多内容。

13.1.1 设置PPT背景

在第二部分中已经介绍了如何使用图片和图形作为背景，在本实例中将巩固以及进一步拓展该类知识。

Step 01 新建一个PPT文档，并将以"教学课件"为名进行保存。

Step 02 切换到"视图"选项卡，单击"母版视图"组中"幻灯片母版"按钮。

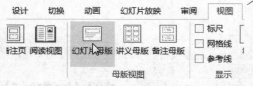

Step 03 单击"主题"下拉按钮，选择"Office主题"幻灯片母版。

Step 04 单击"背景"组"背景样式"下拉按钮。

Step 05 在弹出的列表中选择"设置背景格式"命令。

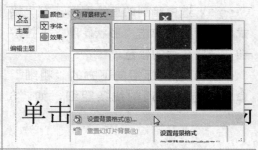

Step 06 弹出"设置背景格式"窗格，选中"图片或纹理填充"单选项。

Step 07 单击"文件"按钮。

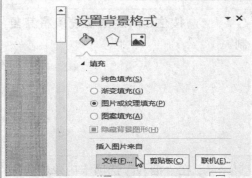

Step 08 打开"插入图片"对话框，选择图片1，单击"插入"按钮。

Step 09 返回"设置背景格式"窗格，单击窗格右上角的"关闭"按钮关闭窗格。

Step 10 插入形状。在"插入"选项卡内单击"形状"按钮，在弹出的菜单中选择需要绘制的图形，如"直线"。

Step 11 按住Shift键的同时，按住鼠标并拖动绘制出直线。

Step 12 选中绘制的直线图形,在"格式"选项卡内单击"形状轮廓"下拉按钮,选择合适的颜色。

Step 13 将鼠标指向下方的"粗细"命令,选择合适的线条粗细,如"6磅"。

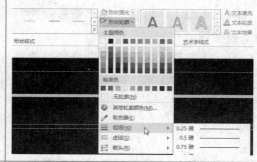

Step 14 按住Ctrl键拖动线条将其复制。

Step 15 在"插入"选项卡内单击"文本框"下拉按钮,在弹出的下拉列表中选择合适的文本框样式,如"横排文本框"。

Step 16 按住鼠标左键拖动绘制出文本框。

Step 17 在文本框内输入文本内容。

Step 18 在"开始"选项卡内,设置合适的字体格式,如"微软雅黑,18,灰色"。

Step 19 将其移动到页面合适的位置。

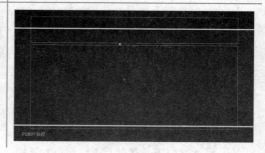

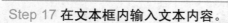

13.1.2　设置文本格式

　　课件类PPT的文本内容一般都较丰富,所以文本的格式设置就是重要的一环了,下面将对其进行详细介绍。

Step 01 选中标题占位符中内容，切换到"开始"选项卡，在"字体"组中设置字体为"微软雅黑，40，加粗，白色"。

Step 02 在"段落"组中单击"左对齐"按钮。

Step 03 拖动选择正文占位符中内容，设置字体格式为"微软雅黑、15号、白色"。

Step 04 单击"行距"下拉按钮，在弹出的列表中选择合适的行距，如1.5。

Step 05 单击"项目符号"下拉按钮，在弹出的菜单中单击"项目符号和编号"命令。

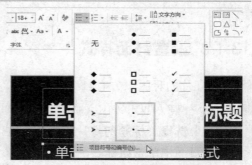

Step 06 打开"项目符号和编号"对话框，单击"自定义"按钮。

第13章

Step 07 在打开的"符号"对话框中选择合适的项目符号类型。

Step 08 单击"确定"按钮。

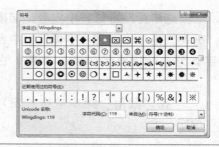

Step 09 在返回的对话框中将默认选择自定义后项目符号,单击"确定"按钮。

13.1.3　设置封面样式

　　幻灯片的母版下方有11个不同版式,这些版式都可以单独设置,本节主要介绍使用幻灯片母版的第一个版式来设计封面样式。

Step 01 选择"标题幻灯片版式",在幻灯片页面中单击鼠标右键。

Step 02 在弹出的快捷菜单中选择"设置背景格式"命令。

Step 03 在"设置背景格式"窗格中选中"图片或纹理填充"单选项。

Step 04 单击"文件"按钮。

第
13
章

Step 05 选择需要插入的图片，单击
"插入"按钮。

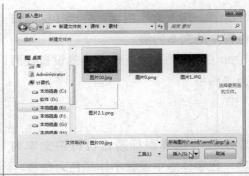

Step 06 返回幻灯片页面，单击窗格右
上角的关闭按钮，关闭"设置背景格
式"窗格。

Step 07 切换到"幻灯片母版"选项
卡，单击"关闭母版视图"按钮即可返
回常规页面。

13.2 丰富PPT内容

课件类PPT的设计比较简洁，将母版设计好后，添加文本、图片等内容，最后再对某些特殊对象设置格式即可。

13.2.1 添加与编辑文本

在之前的模板设计中，已经对文本格式进行笼统设置，所以在编辑幻灯片时只需要输入内容，再根据需要部分更改文字格式即可。

Step 01 输入文本内容，并选择标题占位符中的文本内容。

Step 02 在"开始"选项卡内设置段落为"居中"。

Step 03 选择副标题占位符中文本内容，在字体组中设置字体颜色为白色。

Step 04 设置完成后，将其移动到合适的位置。

Step 05 在"插入"选项卡内单击"文本框"按钮，在弹出的下拉菜单中选择"横排"文本框。

Step 06 在页面上方绘制出一个文本框，输入文本内容。

Step 07 设置字体为"微软雅黑、28号、白色"。

封面制作完成后，将继续制作其他幻灯片，因课件PPT内容比较多，这里将只抽取几个典型的幻灯片进行介绍。

Step 01 选择需要添加标题和内容的幻灯片，单击鼠标右键。

Step 02 在弹出的快捷菜单中单击"版式"命令，在弹出的菜单中单击"标题和内容"选项。

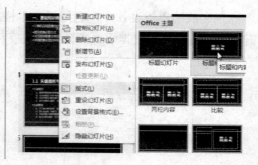

Step 03 输入文本内容，并设置正文占位符中文本字号为"24号"。

Step 04 定位到段首处，按下"Back Space"键删除项目符号。

Step 05 选中除正文的第1段和第6段以外的文档，单击"提高列表级别"按钮。

Step 06 设置其字号为"20"。

Step 07 选择需要添加编号的文本，单击"编号"下拉按钮。

Step 08 在弹出的下拉列表中选择合适的编号样式。

Step 09 完成后，查看文本整体效果，若文本排版过于拥挤，则需要单击"行距"按钮，选择合适的行距。

Step 10 完成以上操作后幻灯片效果如图所示。

13.2.2 插入合适的图片

完成了文本内容的编辑，偶尔为了进一步阐述文本内容还需要为幻灯片添加合适的图片。另外，幻灯片内图片一定要与内容有一定的相关性，所以并非所有的图片都能随意的插入其中，而需要插入合适的图片。

Step 01 选择需要插入图片的幻灯片，在"插入"选项卡内单击"图片"按钮。

Step 02 打开"插入图片"对话框，在按住"Ctrl"键的同时选择需要插入的多张图片。

Step 03 单击"插入"按钮。

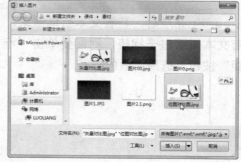

Step 04 调整图片大小，将其移动到合适的位置即可。

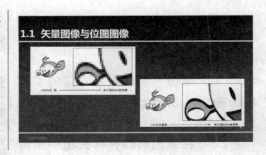

13.3 幻灯片交互式放映效果

网页中我们可以通过单击各种按钮、文字、图片来链接到目的网页，在放映幻灯片时也能够使用该类效果，本节将做详细介绍。

13.3.1 添加超链接

在课件类PPT中，为了让内容条理更清晰，通常会使用很多标题索引，为这些标题索引添加链接则可以让看客更容易理清思路。

Step 01 选中需要设置链接的文本，切换到"插入"选项卡。
Step 02 单击"超链接"按钮。

Step 03 打开"插入超链接"对话框，在"链接到"栏下方单击"本文档中的位置"按钮。
Step 04 双击需要连接到的幻灯片名称。

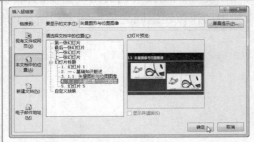

Step 05 选中所设链接，切换到"设计"选项卡。

Step 06 单击"变体"组右侧的"其他"按钮，在弹出的菜单中指向"颜色"命令。

Step 07 在弹出的颜色样式组中单击"自定义颜色"按钮。

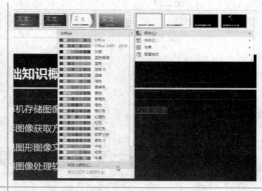

Step 08 打开"新建主题颜色"对话框，单击"超链接"色块。

Step 09 在弹出的颜色组中选择需要的颜色。

Step 10 单击"保存"按钮。

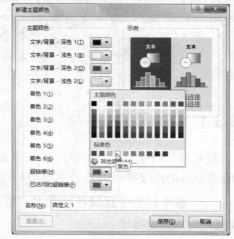

13.3.2 添加动作按钮

在制作幻灯片时，通常需要在内容与内容之间添加过渡页，以此来引导观众思路，但是偶尔过渡页也会出现重复的情况，此时则可以不需要重复制作过渡页，直接利用动作按钮返回之前标题索引所在幻灯片即可。

Step 01 选择需要设置动作按钮页面，在"插入"选项卡内单击"形状"按钮。

Step 02 在弹出的下拉列表中选择合适的动作按钮。

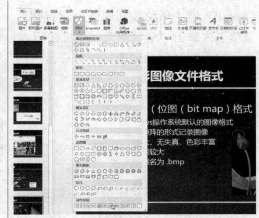

Step 03 按住鼠标左键并拖动绘制出该形状，在自动弹出的"动作设置"对话框中，单击"超链接到"下方的下拉列表。

Step 04 在弹出的列表中选择"幻灯片"命令。

Step 05 在"超链接到幻灯片"对话框中选择需要链接到的幻灯片名称。

Step 06 单击"确定"按钮。

提示：如果幻灯片中有现成的对象需要制作为动作按钮，可以选中对象后，在"插入"选项卡中单击"动作"按钮，在打开的"动作设置"对话框中即可进行设置。

第13章

Step 07 选中所绘按钮的图形，在格式选项卡内单击"形状填充"下拉按钮。
Step 08 在弹出的列表框中选择合适的颜色。

Step 09 单击"形状轮廓"下拉按钮，选择合适的形状轮廓颜色，如"白色"。
Step 10 按照上述方法继续为所有需要添加链接的幻灯片添加动作按钮即可。

13.4　设置PPT播放效果

课件类PPT的播放效果通常比较简单，在某些情况不添加动画效果也可。本节就以为PPT设置一些简单的播放效果为例进行讲解。

13.4.1　设置幻灯片的手动切换方式

在PPT内添加幻灯片的切换效果，一定不能千篇一律的一个切换效果由始而终，最好让过渡页的切换效果与其他幻灯片区别出来，这样才能更加吸引观众眼球。

Step 01 选择需要设置切换方式的幻灯片，在"切换"选项卡内单击"切换到此幻灯片"工具组的其他按钮。

Step 02 在弹出的列表中选择合适的切换方式即可。

Step 03 按照相同的方式为其他幻灯片设置切换方式即可。

13.4.2 设置简单的动画效果

与切换效果一样，课件类PPT的动画效果也应从简出发，避免复杂的动画效果。

Step 01 选择需要添加动画效果的幻灯片，选中正文占位符中的首行内容。

Step 02 在"动画"选项卡内选择进入效果，如"飞入"。

Step 03 拖动占位符第二行内容，单击"动画"工具组中的"其他"按钮。

Step 04 在弹出的下拉列表中选择"更多进入效果"命令。

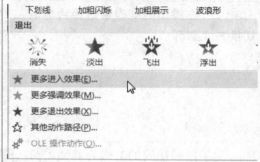

Step 05 选择需要使用的动画，如"切入"。

Step 06 单击"确定"按钮。

Step 07 拖动正文占位符中除首行外设置了动画的文本内容，在"动画"选项卡内单击"开始"下拉列表框。

Step 08 在弹出的列表中选择动画开始的播放时间即可。

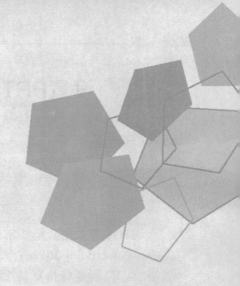

第三部分　行业实战篇

企业宣传PPT是企业形象识别系统的一个重要组成，所以在设计该类PPT时需要具有一定的专业性，同时企业理念、历史、业绩、规划等都较抽象，所以还需要结合对象的应用来实现可视化、直观化的表达效果。

制作企业宣传演示文稿

第14章

14.1　设置PPT版式

> 作为企业形象的一个代表，企业宣传类PPT的版式一定要设计的足够精美细致，下面将详述PPT版式设计。

现在很多大型会场都常用一些LED屏幕来展示PPT内容，这些屏幕通常都是宽屏的，PowerPoint 2013有个较为方便的地方就是页面默认的16:9。所以如果是在宽屏播放，只需要保持默认页面即可。但是偶尔还是会用投影仪或投影布来展示内容，此时就需要对幻灯片版式进行设置了。

Step 01 新建一个PPT文档，并将其以"企业宣传"为名进行宣传。

Step 02 在"设计"选项卡内单击"幻灯片大小"下拉按钮。

Step 03 在弹出的下拉列表中单击"自定义幻灯片大小"选项。

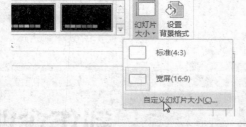

Step 04 在打开的"幻灯片大小中"即可选择预设的幻灯片大小，以及自定义幻灯片大小。

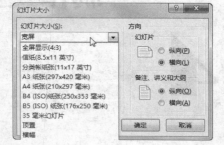

14.2 使用母版设计主题

对企业宣传类PPT来说，母版设计是非常重要的一环，特别是页面整体颜色的选择，应选择与企业LOGO的配色一致。

14.2.1 将公司LOGO添加到幻灯片页中

在母版中插入图片，可以一次性的为所有幻灯片添加公司LOGO，此外还可以对所插入的LOGO进行一些简单设置，让其更具个性。

Step 01 切换到"视图"选项卡，单击"幻灯片母版"按钮。

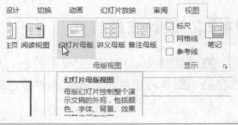

Step 02 选中母版视图中的母版，单击"插入"选项卡内"图片"按钮。

Step 03 弹出"插入图片"对话框，选择需要插入的LOGO图片。
Step 04 单击"插入"按钮。

第14章

Step 05 此时图片将插入母版中，拖动图片边缘控制点调整图片大小，并将其移动到图片合适位置。

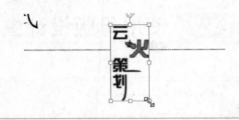

Step 06 选择插入的图片，在"格式"选项卡内单击"图片效果"按钮，单击"映像"命令。

Step 07 在弹出的快捷菜单中选择合适的映像即可。

14.2.2 设计主题样式

在本实例中，LOGO主要由橙色、黑色以及浅黄色的背景色共同组合而成，所以在插入图片时也尽量选择这几种颜色进行搭配。

1. 设计PPT整体背景

本LOGO中有浅黄色作为背景，所以在设计幻灯片版面时，为了不使LOGO图片与幻灯片页面呈对比效果，需要将该LOGO的背景色作为幻灯片页面背景。

Step 01 在幻灯片母版上单击鼠标右键，在弹出的快捷菜单中单击"设置背景格式"命令。

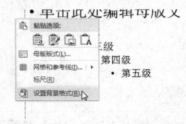

Step 02 弹出"设置背景格式"窗格，选中"纯色填充"单选项。

Step 03 单击"颜色"色块，在弹出的列表中单击"取色器"按钮。

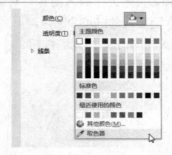

Step 04 **此时鼠标将呈滴管状，将鼠标移动到需要取色的颜色区域上，单击选定即可将该颜色作为该幻灯片背景。**

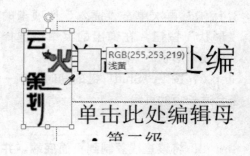

2. 使用形状设置个性版面

对企业宣传类PPT来说，形状是一个不可或缺的元素，根据LOGO的样式设计出独具个性的形状组合，对企业宣传来说无疑是锦上添花。

Step 01 **切换到"插入"选项卡，单击"形状"按钮，选择需要绘制的图形，如"矩形"。**

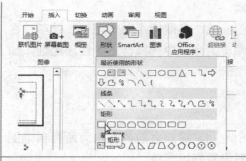

Step 02 **按住鼠标左键，拖动并绘制出矩形图形。**

Step 03 **选中该图形，在"格式"选项卡内单击"形状填充"下拉按钮。**

Step 04 **在弹出的下拉列表中单击"取色器"选项。**

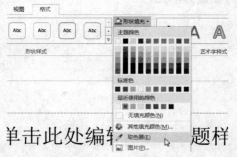

Step 05 **此时鼠标将呈滴管状，将鼠标移动到需要取色的颜色区域上，单击选定即可将该颜色作为该形状背景。**

Step 06 再次单击"插入"选项卡的"形状"按钮，在弹出的菜单中选择"直线"形状。

Step 07 按下"Shift"键的同时绘制一条合适长短的直线。

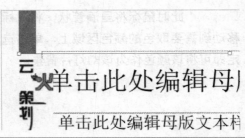

Step 08 将该直线复制到页面底端，并将其拉长到与页面等宽的长度。

Step 09 选中复制后直线，在"格式"选项卡内单击"形状轮廓"下拉列表框。

Step 10 将鼠标指向"粗细"选项，在弹出的命令中选择合适的线段粗细，如"6磅"。

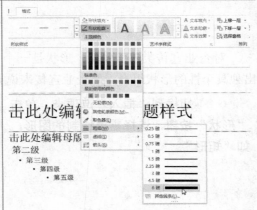

Step 11 参照之前的方法为所有自选图形设置好填充色。

提示：为了让所绘形状更具立体感，偶尔会为其添加一定的阴影效果，操作方法非常简单，选择所绘图形，然后在"格式"选项卡的"形状效果"下拉列表中进行设置即可。

14.3 设计PPT封面

作为企业宣传，PPT一定要够大气、简洁，此外，因为版面设计完之后不能再在除母版以外的地方直接进行修改，所以还需要更多的操作。

14.3.1 添加图形

为了让封面看起来既简约又充实，可以适当的添加一些图形进行修饰，具体操作方法如下。

Step 01 在"普通视图"下选中第2章幻灯片，在"插入"选项卡内单击"形状"按钮。
Step 02 在弹出的菜单中选择"矩形"形状。
Step 03 在页面中绘制一个与幻灯片页面同样大小的矩形，将其覆盖。

Step 04 选中该形状，在"格式"选项卡内单击"形状填充"按钮，在弹出的菜单中选择填充色为与LOGO背景色一致的"浅黄"。

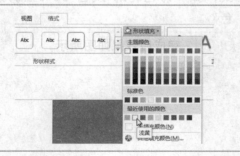

Step 05 单击"形状轮廓"按钮，在弹出的菜单中选择"无轮廓"选项。

第14章

Step 06 再次在页面的合适位置绘制一个合适大小的矩形。

Step 07 将其填充为与LOGO演示一致的橙色。

Step 08 在"插入"选项卡依次单击"形状"→"椭圆"按钮。

Step 09 按住"Shift"键不放,在矩形形状表面绘制一个合适大小的正圆。

Step 10 选中圆形图形,在"格式"选项卡的"形状样式"组内单击"其他"按钮。

Step 11 在弹出的样式中选择合适的样式,如"彩色轮廓-灰色-50%强调颜色"。

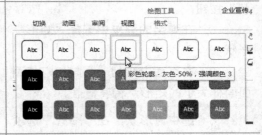

Step 12 完成后效果如图所示。

14.3.2 设计文字样式

封面的文字表达企业的寓意,所以在设计字体格式时,尽量设计得略带霸气才能显得大气,不管是正文还是封面,微软雅黑永远都是一个不错的选择。

Step 01 在"插入"选项卡内单击"文本框"按钮。

Step 02 在弹出列表框中单击"横排文本框"选项。

Step 03 在圆形图形上绘制一个文本框输入文字并设置文字格式如"华文新魏，28，黑色文字1淡色25%"。

Step 04 选中该文本框，在"格式"选项卡内依次单击"文本效果"→"转换"→"上弯弧"命令。

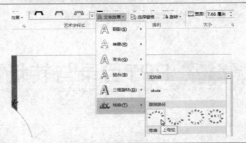

Step 05 通过调整文本框大小调整文字弧度，如图所示。

Step 06 通过"插入"选项卡内"图片"按钮，插入公司标识图片，移动圆形图形表面并将其调整为合适大小。

Step 07 在圆形图片的右侧再次插入两个并列的横排文本框，并分别输入公司名称与"企业宣传"等文本。

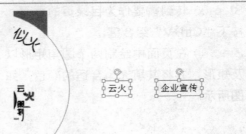

Step 08 分别设置两个文本框的文字格式，如"微软雅黑，146，加粗、文字阴影"，以及"微软雅黑、60、加粗、文字阴影"。

Step 09 在"格式"选项卡内设置两个文本框内文字轮廓皆为"白色"。

14.4　PPT目录与转场页

即使设计PPT的目录与转场，形状仍是一个非常实用的存在，本实例的主要元素就是矩形与圆形，下面也不例外。

14.4.1 设计PPT目录

目录的作用就是为了让观众对PPT的内容多多少少有个了解，所以目录标题一定要具有一定条理。

Step 01 在已编辑的封面中右键单击页面背景。

Step 02 在弹出的菜单中单击"复制"按钮。

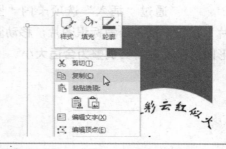

Step 03 转到需要作为目录页的页面，按下"Ctrl+V"组合键。

Step 04 在页面中绘制两个圆角矩形以及矩形，并将其填充为合适的颜色，如图所示。

Step 05 绘制一个如图所示的矩形，将其边缘与幻灯片页面边缘相切，并覆盖住圆角矩形的一侧。

Step 06 按住"Ctrl"键不放，先选中下方的蓝色圆角矩形，再选中上方的绿色矩形。

Step 07 在"格式"选项卡内单击"合并形状"下拉按钮。

Step 08 在弹出的下拉列表中单击"剪除"命令。

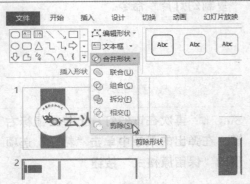

Step 09 在矩形表面绘制多个圆形图形，并将其应用合适的样式。

Step 10 使用PowerPoint的自动对齐功能将其对齐。

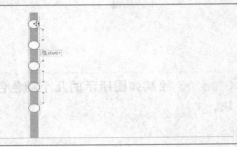

Step 11 使用文本框在幻灯片中添加合适的文本内容，并设置合适的字体格式，其效果如图所示。

提示：上图中字体格式均为"微软雅黑"，英文格式为"Agency FB"。

14.4.2 设计转场页

转场页的目的是为了让观众进行思维过渡，在一定程度上引导观众思维，不至于内容出现得太突兀。如果目录比较低调，在转场的时候通常只需要对目录进行一些细微的设置即可。

Step 01 在PPT目录页中选中目录页，单击鼠标右键，在弹出的菜单中单击"复制幻灯片"命令。

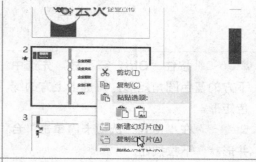

Step 02 再次在该幻灯片上单击鼠标右键，在弹出的菜单中单击"粘贴"选项下的"保留原格式"按钮。

Step 03 绘制如图所示的几个颜色色块。

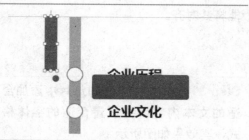

Step 04 选中被图形掩盖的文本框，单击鼠标右键，在弹出的快捷菜单中依次单击"置于顶层"→"置于顶层"命令。

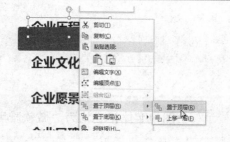

Step 05 将色块移至文本框底部，选中并复制该色块，将复制后色块调整到比原色块偏小的大小并覆盖于原色块表面。

Step 06 选择复制后色块，在"格式"选项卡内分别设置其填充为"无填充"，填充轮廓为"白色"。
Step 07 将色块表面字体更改为白色。
Step 08 设置后完成效果如图所示。

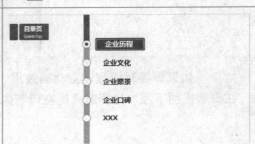

14.5 制作PPT内容页

在设计母版时并没有对幻灯片文字进行设计，本例中也将使用图形来制作内容页。

14.5.1 标题设计

为了方便起见，可以直接在母版添加传统的内容标题，具体操作方法如下。

Step 01 在"视图"选项卡中单击"幻灯片母版"按钮，进入母版视图。
Step 02 选择一个空白版式，插入"横排文本框"，在标题处输入标题即可。

Step 03 按照同样的方法添加其他标题即可。

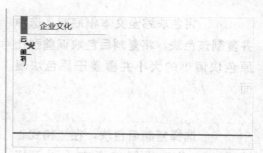

> 提示：如果需要对标题设置动画效果，建议在普通视图下编辑幻灯片标题，在母版视图下添加的标题只能在母版内设置其动画效果。

14.5.2 正文设计

幻灯片的正文可以通过图形来表示，除了系统自带的SmartArt图表，还有自定义的图形组合，下面将进行详细的讲解。

Step 01 绘制一个圆形自选图形。

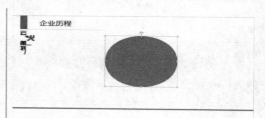

Step 02 选中所绘图形，切换到"格式"选项卡，单击"形状填充"按钮，在弹出的菜单中选择"无填充"命令。

Step 03 单击"形状轮廓"下拉按钮，选择合适的轮廓颜色。

Step 04 在粗细"选项"内选择合适的轮廓粗细，如"0.5磅"。

Step 05 将鼠标指向"虚线"命令选择合适的虚线格式。

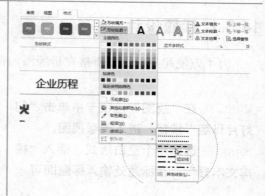

Step 06 绘制多个椭圆形，并将其设置
为填充色"白色，背景1，深色5%"，
无轮廓。

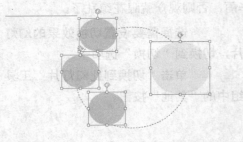

Step 07 再绘制一个椭圆形，将其置于
大圆中心，并设置填充色为橙色。
Step 08 在下方绘制一条直线、一条斜
线和一个小三角形。

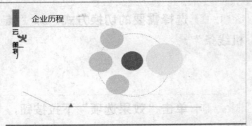

Step 09 在形状上添加文本框输入文字
并设置合适的字体格式。
Step 10 插入相配的图片即可。

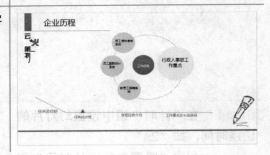

14.6 设置播放效果

之前的实例只简单地讲解了一下动画效果，为了给读者一些微创意，本节
将选择一些比较经典的动画效果进行讲解。

14.6.1 设置幻灯片切换

不管是课件类PPT还是企业宣传类PPT，幻灯片的切换效果尽量不要选择过于

华丽，否则观众就眼花缭乱了。

Step 01 选择需要设置切换效果的幻灯片，切换到"切换"选项卡。

Step 02 单击"切换到此幻灯片"工具组中的"其他"按钮。

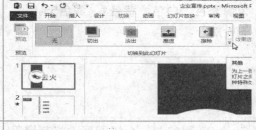

Step 03 选择需要的切换方式，如"随机线条"。

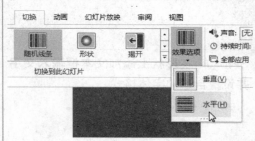

Step 04 单击"效果选项"下拉按钮，选择合适的效果选项，如"水平"。

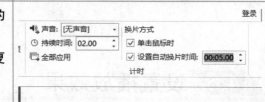

Step 05 在"计时"组中设置幻灯片的切换时间，如"2s"。

Step 06 勾选"设置自动换片时间"复选框，设置换片时间如"5s"。

14.6.2 添加动画效果

动画设置最主要的就是逻辑性，动画直接应按次序出场，尤其是进入动画和强调动画。

Step 01 选中幻灯片标题对象，切换到"动画"选项卡，选择合适的动画效果，如"飞入"。

Step 02 单击"效果选项"下拉按钮，选择合适的飞入方向。

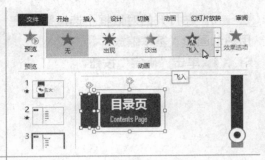

Step 03 在"计时"组中单击"开始"下拉列表，选择开始的方式，如"与上一动画同时"。

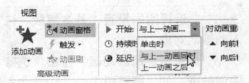

Step 04 单击选择另外的对象，并依次添加"飞入"进入动画。

Step 05 单击"效果选项"按钮，设置进入方向为"自左侧"。

Step 06 在"计时"组中依次设置开始方式为"上一动画"之后，持续时间为"0.5s"。

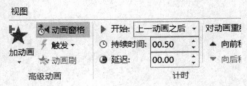

提示：在设计商务用PPT时，通常将动画效果延续的时间设置为0.5s或1s。

Step 07 选择需要最后出现的图形，单击"动画"工具组中"其他"按钮。

Step 08 在弹出的列表中选择"更多进入效果"选项。

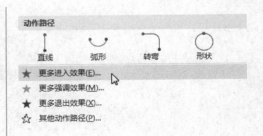

Step 09 在打开的对话框中选择需要使用的动画如"基本缩放"。

Step 10 单击"确定"按钮。

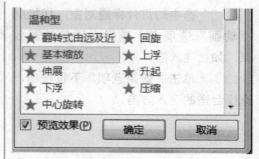

Step 11 选择刚刚设置"基本缩放"进入动画的对象。

Step 12 单击"添加动画"按钮，选择强调动画，如"跷跷板"。

第三部分 行业实战篇

你是否还拿着一大堆资料向顾客推销自己的产品？是否因为顾客对自己呕心沥血收集的资料不屑一顾而深感挫败？这样下去业绩怎能提升！不要再做这些复古事儿了，让那些死气沉沉的文字视觉化吧！

制作产品宣传演示文稿

15.1 设计幻灯片主题

> 在制作PPT时通常都是先设计幻灯片主题，再添加内容，以免主题的变化影响到内容。

15.1.1 设置幻灯片背景

在幻灯片母版中添加图形、背景等操作可以快速地统一幻灯片格式，具体操作方法如下。

Step 01 新建一个空白演示文稿，并将其以"产品宣传"为名保存。

Step 02 在"视图"选项卡单击"幻灯片母版"按钮切换到幻灯片母版视图。

Step 03 选中第一张幻灯片母版，在"插入"选项卡内单击"形状"按钮，在弹出的列表中选择"矩形"形状。

Step 04 按住鼠标左键并拖动，绘制出一个长条状的矩形。

Step 05 在"格式"选项卡内单击"形状填充"按钮，在弹出的列表中选择需要的颜色，如"白色"。

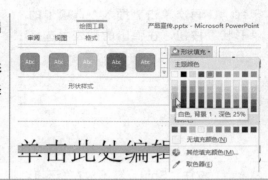

Step 06 单击"形状轮廓"按钮，在弹出的列表中选择"无轮廓"命令。

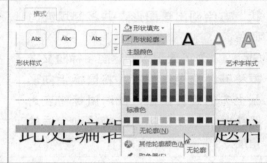

Step 07 右击所绘图形，在弹出的快捷菜单中依次单击"置于底层"→"置于底层"命令，将该形状置于底层。

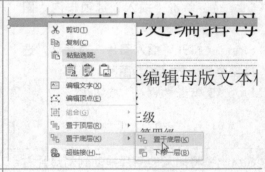

Step 08 按照同样的方法在矩形表面添加一个等高的小矩形，并将其填充为"蓝色"，如图所示。

Step 09 选中文本框将其设置为"置于顶层"。

单击此处编辑母版标

- 单击此处编辑母版文本样式
  - 第二级
    - 第三级
      - 第四级

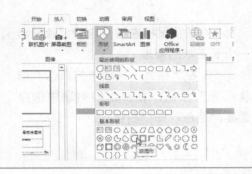

Step 10 再次单击"插入"选项卡的"形状"按钮，在弹出的列表中选择"泪滴形"形状。

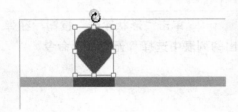

Step 11 按住"Shift"键不放在矩形形状上方绘制出该图形，并将其填充为蓝色。

Step 12 为了便于操作这里将标题文本框移开，选中该形状，将鼠标指向形状上方的旋转按钮，此时鼠标将变为箭头状，拖动鼠标将其旋转到合适的角度。

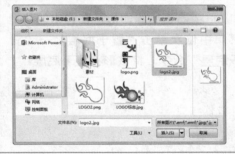

Step 13 单击"插入"选项卡内"图片"按钮。

Step 14 打开"插入图片"对话框，选择需要插入的LOGO图片。

Step 15 单击"插入"按钮。

Step 16 将插入的图片拖动到幻灯片右下角将调整其大小。

15.1.2 设置字符格式

在母版中设置好字符格式后，在普通视图内对幻灯片编辑，文字会自动以母版中已设置格式显示。

Step 01 将母版标题移动到合适的位置，并选中其中的内容。

Step 02 在"开始"选项卡内选择合适的字体格式，如"微软雅黑、28、灰色"。

Step 03 选择正文占位符中首行内容，单击"段落"组右下角的功能扩展按钮。

Step 04 打开"段落"对话框，在"缩进"栏中设置特殊格式为"无"。

Step 05 设置"间距"栏中行距为"多倍行距"，值为"1.2"。

Step 06 设置完成后退出母版视图即可。

15.2 设计PPT封面

宣传类PPT的封面设计尤其讲究，不仅要列出相应的标题，产品图片，还应包含企业名称等要素。

Step 01 在普通视图下右击第1张幻灯片，在弹出的快捷菜单中依次单击"版式"→"空白"选项。

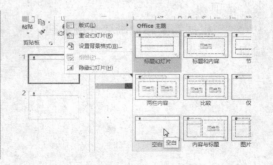

第
15
章

Step 02 在"插入"选项卡内单击
"形状"按钮，在弹出的菜单中选
择"矩形"图形。
Step 03 在空白页面中绘制一个与幻
灯片页面相同大小的矩形，将其覆
盖。

Step 04 右击该所绘图形，在弹出的
快菜单中单击"设置形状格式"选
项。

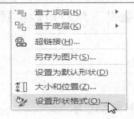

Step 05 打开"设置形状格式"窗
格，单击"渐变填充"单选项。
Step 06 在下方的"预设渐变"下拉
框中选择合适的渐变样式，如"浅
色渐变-着色3"。

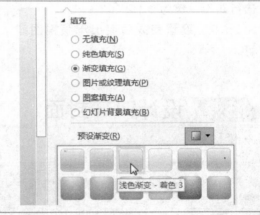

Step 07 在"渐变类型"中选择"路
径"选项。
Step 08 根据需要移动渐变光圈的起
始点。

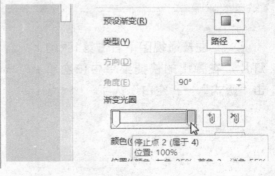

Step 09 在该页面上绘制两个矩形图形，并将其填充为合适的颜色，如"蓝色"。

Step 10 在版面中心绘制一个合适大小的"泪滴形"形状。
Step 11 在该形状上单击鼠标右键，在弹出的快捷菜单中单击"设置形状格式"命令。

Step 12 在打开的窗格中选择"图片与纹理填充"单选项。
Step 13 单击下方的"文件"按钮。

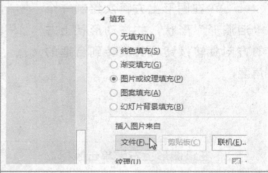

Step 14 弹出"插入图片"对话框，选择需要插入的图片。
Step 15 单击"插入"按钮。

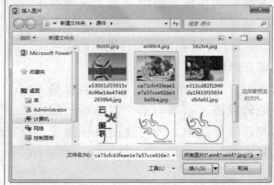

Step 16 此时插入的图片通常有一定程度的拉伸，或者轻微的违和感，需要在窗格中进行更多设置。

Step 17 勾选"将图片平铺为纹理"复选框。

Step 18 将缩放比例的X、Y轴调整为合适的百分比。

Step 19 在"对齐方式"下拉列表框中选择合适的对齐方式。

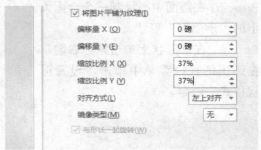

☑ 将图片平铺为纹理(I)	
偏移量 X (O)	0 磅
偏移量 Y (E)	0 磅
缩放比例 X (X)	37%
缩放比例 Y (Y)	37%
对齐方式(L)	左上对齐
镜像类型(M)	无
☑ 与形状一起旋转(W)	

Step 20 在图形上方再次绘制一个"泪滴形"形状，并拖动形状上方的方向旋转按钮将其旋转到合适的角度。

Step 21 在该图形上右键单击鼠标，在弹出的快捷菜单中单击"设置形状格式"命令。

Step 22 在窗格内添加该图形的图片填充对象。

Step 23 此时可看到插入的图片也呈旋转状态，取消勾选"与形状一起旋转"复选框，即可使图片恢复正常方向。

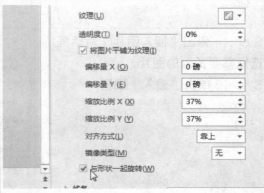

纹理(U)	▦ ▾
透明度(T)	0%
☑ 将图片平铺为纹理(I)	
偏移量 X (O)	0 磅
偏移量 Y (E)	0 磅
缩放比例 X (X)	37%
缩放比例 Y (Y)	37%
对齐方式(L)	靠上
镜像类型(M)	无
☑ 与形状一起旋转(W)	

Step 24 按照相同的方法插入更多的形状，并填充好图片。

Step 25 在图片右上角绘制一个正方形图形，将其填充为蓝色。

Step 26 在其中输入公司名称，并设置文本格式，如"微软雅黑，40号、白色，居中"。

Step 27 单击"插入"选项卡内"文本框"下拉按钮，在弹出的菜单中选择"横排文本框"选项。

Step 28 在页面下方绘制一个横排文本框，并录入文字。

Step 29 将文字设置为合适的格式，如"微软雅黑，48号，蓝色，加粗"。

Step 30 在"插入"选项卡内执行添加公司LOGO图片操作，调整图片大小，将其移动到合适的位置，最终效果如图所示。

15.3 制作目录

制作目录时需要注意要点与思路的清晰，商务用PPT是比较稳重的，保险起见可以直接选择纯文本和图片作为目录，但为了巩固读者对形状的使用，本例将使用形状制作目录。

Step 01 在"插入"选项卡内单击"形状"按钮，在弹出的菜单中选择"矩形"图形。

Step 02 在空白页面中绘制一个与幻灯片页面相同大小的矩形，将其覆盖。

Step 03 再次单击"形状"下拉按钮，在弹出的菜单中选择"任意多边形"选项。

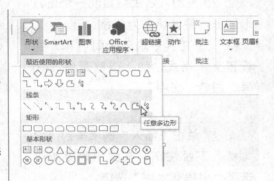

Step 04 在页面中绘制一个如图所示的四边形。

Step 05 在"视图"选项卡内勾选"网格线"复选框，在页面中显示出网格线，方便图形的绘制。

Step 06 再次绘制一个箭头状多边形，并将其填充为合适的颜色。

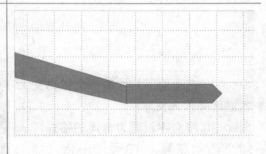

Step 07 绘制后图形下方，再次绘制两个类似的图形，选择左侧的不规则四边形，单击鼠标右键。

Step 08 在弹出的快捷菜单中选择"设置形状格式"命令。

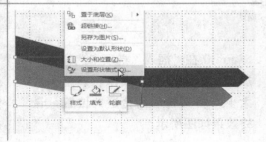

第 15 章

Step 09 打开"设置形状格式"窗格，选中"纯色"填充单选项，在颜色色块中选择合适的浅色"如浅蓝色"。

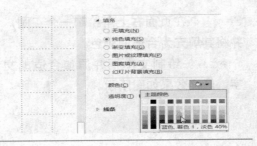

Step 10 选择右侧多边形，在"设置形状格式"窗格中设置其由深到浅的渐变填充。

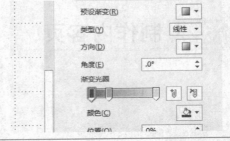

Step 11 按照相同的方法绘制多个图形，并将其填充为合适的颜色。

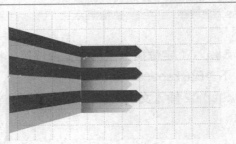

Step 12 再次绘制一个如图所示的矩形。

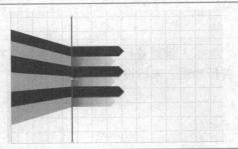

Step 13 将其设置为单色填充效果。

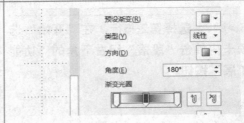

Step 14 在页面右上角绘制一个正圆，并将其填充为合适的颜色。
Step 15 绘制文本框并添加合适的文字，最终效果如图所示。

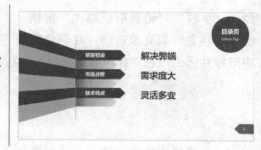

15.4 制作内容页

内容页的目的是为了介绍商品，所以一定要详细，但是切记内容详细不等于冗余，所以精益求精最重要。

Step 01 定位插入点与正文占位符，按下"Backspace"键清除项目符号。
Step 02 输入文本内容。

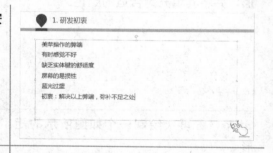

Step 03 设置首行和末行凸出显示，将首行加粗，末行设置为"蓝色"。

Step 04 选择第2~5行，在"开始"选项卡内单击"段落"组右下角的"功能扩展"按钮。

Step 05 设置首行缩进为"1厘米"。
Step 06 单击"确定"按钮。

Step 07 在"插入"选项卡内，单击"图片"按钮。

Step 08 拖动图片控制点调整图片到合适的大小，右击图片在弹出的菜单中依次单击"置于底层"命令，将图片置于底层。

Step 09 选中图片，在"格式"选项卡内单击"图片效果"按钮。
Step 10 在弹出的选项中选择"柔化边缘"选项，选择合适的选项即可。

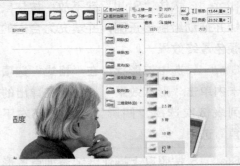

Step 11 完成后将图片拖动到合适的位置即可查看最终效果。

提示：在选择图片时，一定要选择与主题有关且色调单一的图片，否则会与页面内容冲突以及影响文字可读性。

Step 12 单击"插入"选项卡内"形状"按钮，在弹出的菜单中选择"矩形"。

Step 13 将其绘制为如图所示的两个图形。

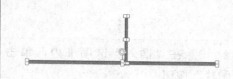

Step 14 将图形旋转至合适的位置设置其填充色。

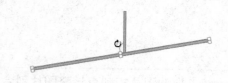

Step 15 在"插入"选项卡内单击"形状"按钮，在弹出的菜单中选择"椭圆"。

Step 16 按住"Shift"键不放，按住鼠标并拖动绘制出正圆，并填充为合适的颜色最终效果。

Step 17 选中该形状，在"格式"选项卡内单击"形状效果"按钮，在弹出的列表依次选择"阴影"→"内部右下角"选项。

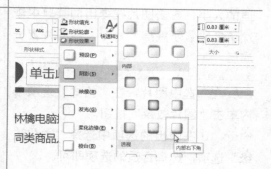

Step 18 按照以上操作继续添加更多形状，并设置填充颜色，效果如图所示。

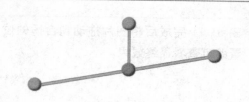

Step 19 在"插入"选项卡内单击"形状"按钮，在弹出的列表中选择"弦形"选项。

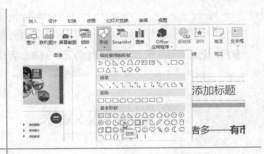

Step 20 在页面绘制一个弦形图形，拖动上方的"旋转"按钮，将其旋转为合适的角度，并将其填充为合适的颜色。

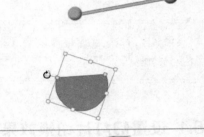

Step 21 在"插入"选项卡内单击"形状"按钮，在弹出的菜单中单击"任意多边形"图形。

Step 22 绘制出如图所示的不规则图形，设置其填充色。

Step 23 绘制出多个不规则图形，并设置填充色。

Step 24 执行置于底层命令。

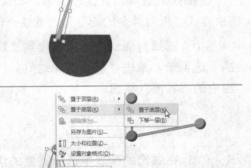

Step 25 在弦形形状上方添加文本框，录入文本内容并设置字体格式。如"微软雅黑，24号，白色"。

Step 26 按照以上方法添加更多的图形，并设置格式，最终效果如图所示。

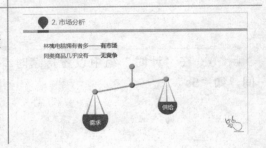

> 提示：图形的组合并非一层不变，而是一变再变，相同的图形随着组合方法的变化，所展示的效果也会不一样，所以平时需要多观察与积累。

15.5 设置播放效果

> 设置幻灯片播放效果能够让幻灯片更具吸引力，播放效果主要包括幻灯片的切换与动画效果的设置。

15.5.1 设置幻灯片切换效果

切换效果通常设置比较简单，如果PPT内容不是很多，只需要对封面设置一种切换方式，再对其余的幻灯片设置统一的切换方式即可。

Step 01 选择封面幻灯片，切换到"切换"选项卡，单击"切换到此幻灯片"组中的"其他"按钮。

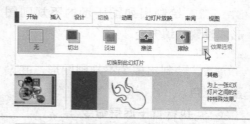

Step 02 在弹出的列表中选择需要的切换方式，如"分割"。

Step 03 在"计时"组中设置持续时间，如"5s"。

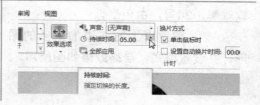

Step 04 选择封面幻灯片以外的所有幻灯片，选择切换方式即可，如"切换"。

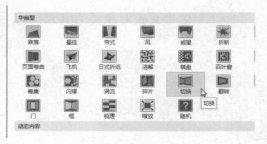

15.5.2　设置对象动画

　　设置对象动画效果时，为了便于区别，通常可以将封面页和结束页的动画设置得华丽一点，而将内容页动画设置得简洁，谨记风格要统一。

Step 01 选择页面两侧的矩形条，在"动画"选项卡内单击"其他"按钮。

Step 02 在弹出的列表中选择进入动画，如"浮入"。

Step 03 选中已设置浮入效果中的一个对象，单击"效果选项"下拉按钮，在弹出的下拉列表中选择合适的动画进入方向。

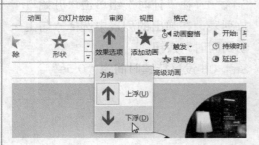

第15章

Step 04 选中更多对象，为其添加为"弹跳"进入动画。

Step 05 选中矩形图形，设置其进入效果为"旋转"。

Step 06 选中文本框，为其添加"飞入"进入效果。

Step 07 在"计时"组单击"开始"下拉列表，在弹出的列表中选择"与上一动画同时"按钮。

Step 08 设置持续时间为"0.5s"。

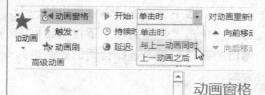

如其名，工作报告就是为了报告工作情况而专用的，所以一定要有充分的论据与鲜明的主题。如果要让看客对报告内容有更多更直观的了解，使用PPT配合工作汇报的演说一定能让观众印象深刻。

制作工作报告演示文稿

16.1 普通视图中设计版式

> 前面已经多次讲解了使用母版统一主题的操作方式，相信读者已经对母版设计有了一定的了解，为了激发大家的微创意，本节将直接讲解普通视图中简单版式的设计。

在普通视图中设计版式，比较方便的一点就是自由度大，可以对幻灯片中的对象进行任意更改，以及对每个对象添加动画效果，不便之处就是需要分别对每页幻灯片版式进行设置。

Step 01 **新建一个PPT文档，并将其以"工作报告"为名保存。**

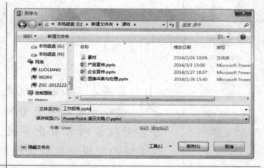

Step 02 **在"插入"选项卡内单击"形状"按钮，在弹出的列表中选择"矩形"图形。**

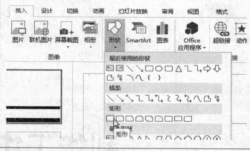

Step 03 **按住鼠标左键拖动绘制出该图形。**

Step 04 选中该形状，在"格式"选项卡内单击"形状填充"按钮。

Step 05 在弹出的下拉列表中选择需要的颜色，如"黑色"。

Step 06 单击"形状轮廓"按钮，在弹出的下拉列表中选择"无轮廓"选项。

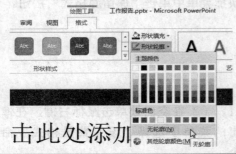

Step 07 按照上述方法在该页面下方再次添加一块自选图形即可。

16.2 版式的单独设计

和母版先整体设计版式再依次添加内容不同的是，普通视图下版式的设计与内容添加几乎为同时进行，下面将讲解版式更加细致的设计。

16.2.1 封面设计

上一节中已经对版式进行了一个大概的设计，使用的时候直接信手拈来即可，当然它还需要更多的设计。

Step 01 右击已设置版式的幻灯片，在弹出的快捷菜单中单击"复制"按钮。

Step 02 再次右击该幻灯片，在弹出的快捷菜单中单击"保留源格式"按钮。

Step 03 在空白处单击鼠标右键，在弹出的菜单中选择"设置背景格式"命令。

Step 04 打开"设置背景格式"窗格，勾选"图片或纹理填充"单选项。
Step 05 单击下方的"文件"按钮。

Step 06 打开"插入图片"对话框，选择合适的封面图片。
Step 07 单击"插入"按钮。

Step 08 此时图片将插入到幻灯片页面中，若图片视觉效果过于强烈，则需要设置一定的透明度。

Step 09 勾选下方的"将图片平铺为纹理"复选框，调整图片缩放比例、对齐方式。

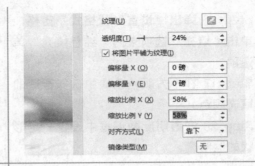

Step 10 为了使图片能更好的与版式融合需要调整图片的色调与饱和度，在窗格中单击"图片"按钮切换到"图片"选项卡。

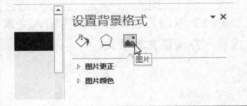

Step 11 展开"图片颜色"列表，在"颜色饱和度"的"预设"中选择契合版式颜色的预设饱和度。

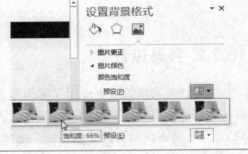

Step 12 在色调中选择合适的预设色调。

Step 13 背景设置完后，单击窗格右上角"关闭"按钮，关闭"设置背景格式"窗格。

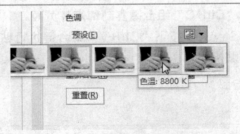

Step 14 在"插入"选项卡内单击"形状"按钮，在弹出的列表中选择矩形。

Step 15 在页面中绘制一个矩形，右击该矩形，在弹出的快捷菜单中单击"设置形状格式"命令。

Step 16 弹出"设置形状格式"窗格，
单击"填充"选项卡内"纯色填充"单
选项。

Step 17 在下方颜色色块中选择合适的
填充颜色。

Step 18 在透明度微调框中设置一定形
状的透明度。

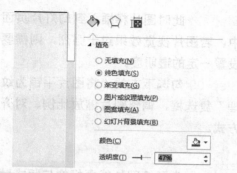

Step 19 返回页面，在形状内输入文本
内容，并调整文本格式。

16.2.2 目录设计

在PPT内形状的组合使用又称为概念图表，它是文字视觉化一个非常重要的要
素，所以本例将继续以形状为主调进行讲解。

Step 01 选中已设置版式的页面，按下
"Ctrl+C"组合键复制幻灯片页面。

Step 02 按下"Ctrl+V"组合键执行粘
贴操作。

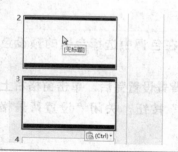

Step 03 在"插入"选项卡内单击"形
状"按钮，在弹出的下拉列表中选择
"五边形"形状。

第16章

Step 04 在页面左上角中绘制出一个"五边形"箭头形状。

Step 05 选中该图形，在"格式"选项卡内设置其填充色。

Step 06 设置填充轮廓为"无轮廓"。

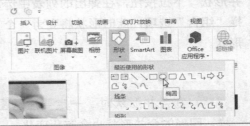

Step 07 在形状上输入文字并调整文本格式，如"微软雅黑24号、加粗、橙色"，以及"Calibri、16号、加粗"。

Step 08 在"插入"选项卡内单击"形状"按钮，在弹出的列表中选择"椭圆"形状。

Step 09 按住"Shift"键不放，单击并拖动鼠标绘制一个正圆，并将其填充为合适的颜色。

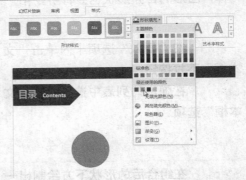

Step 10 在圆形表面绘制一个一小点的圆形图形。

Step 11 将较小的圆形图形填充为"白色",并设置填充轮廓为"无轮廓"。

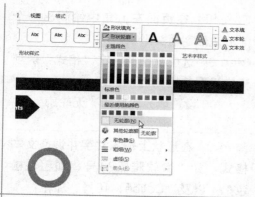

Step 12 选中下方的大圆,再选中表面的小圆。

Step 13 在"格式"选项卡内单击"合并形状"下拉按钮,在弹出的列表中选择"组合"选项,此时形状将变为一个形状。

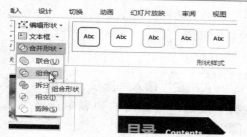

提示:在合并形状时,一定要注意图形的选择顺序,图形选择的顺序不一样,图形的合并形状也会有所变化。

Step 14 在"插入"选项卡内单击"文本框"下拉按钮。

Step 15 在弹出的列表中选择"垂直文本框"选项。

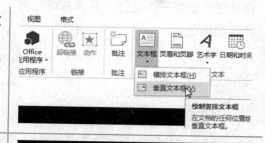

Step 16 在组合后的形状下方绘制出一个垂直文本框,录入文字。

Step 17 设置该字体格式。如"微软雅黑、28号、加粗、黑色"。

Step 18 在页面中复制组合图形与文本框，并将图形填充为合适的颜色。

Step 19 更改文本框中文字内容即可。

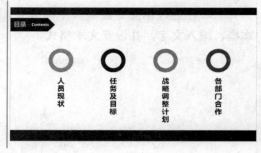

16.2.3 过渡页设计

过渡页是为了引导观众而为之，和封面与目录相比要低调许多，所以简单的设计即可。

Step 01 在"插入"选项卡内单击"星钻形状"按钮，在弹出的列表中选择"直线"形状。

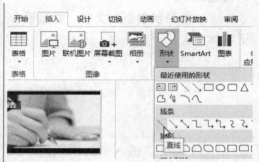

Step 02 按下"Shift"键不放绘制出一条直线。

Step 03 按照相同的方法绘制另一条竖直线，并使两线相交。

Step 04 设置线条颜色，如"灰色"。

Step 05 在"插入"选项卡内单击"文本框"按钮，在弹出的列表中选择"横排文本框"选项。

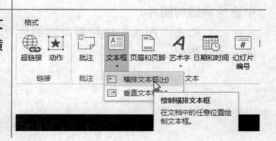

Step 06 在直线相交处绘制一个横排文本框，输入文字，并设置文本格式。

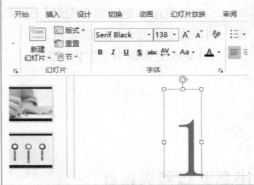

Step 07 在直线相交的空白处绘制一个合适大小的"矩形"形状，并将其填充为合适的颜色。

Step 08 在形状中录入文字，并设置合适字体格式。

Step 09 单击"插入"选项卡内"图片"按钮。

Step 10 在弹出的"插入图片"对话框中选择合适的图片。

Step 11 单击"插入"按钮即可将图片插入幻灯片中。

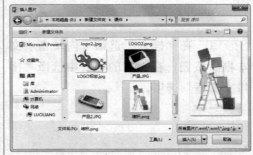

Step 12 最终效果如图所示。

提示：若页面版式为灰色或黑色等厚重色，建议在文本框或者图片中至少选择一种与之相搭配的颜色，否则会因为页面颜色过于厚重而予人压抑之感。

16.2.4 丰富内容页

PPT最主要的是版面布局，内容的方法大同小异，下面将对本例中比较典型的一张幻灯片的制作进行讲解。

Step 01 在目录页中选择目录标题与背景色块，单击鼠标右键。
Step 02 在弹出的菜单中选择"复制"命令。

Step 03 在内容页空白处单击鼠标右键，在弹出的粘贴选项中选择"使用目标主题"命令。

Step 04 在粘贴后文本框内更改文本内容，并根据需要调整色块大小。

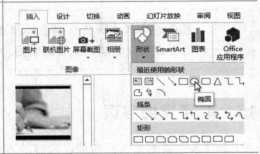

Step 05 在"插入"选项卡内单击"形状"按钮，在弹出的列表中选择"椭圆"形状。

Step 06 按住"Shift"键不放，在页面中央绘制一个适合大小的正圆形。

Step 07 选中该图形，在"格式"选项卡内设置形状填充色为"白色"。

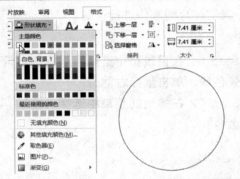

Step 08 设置"形状轮廓"为"白色、背景1、深色50%"。

Step 09 将鼠标指向下方的"虚线"选项，在弹出的列表中选择合适的虚线格式。

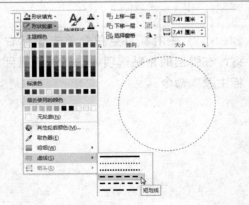

Step 10 在该图形上插入一个横排文本框，录入文字，并设置字体格式。

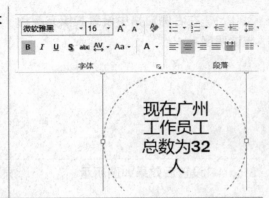

Step 11 在"插入"选项卡内执行"插入椭圆"操作，绘制出一个正圆与之相交。

Step 12 右击该图形，在弹出的快捷菜单中单击"设置形状格式"命令。

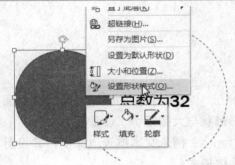

Step 13 在弹出的窗格中设置填充颜色，如"浅黑"。

Step 14 通过"透明度"微调框设置图形透明度。

Step 15 保持"设置形状格式"窗格的展开状态，通过"插入"选项卡在所绘图形表面覆盖一个稍小的正圆图形。

Step 16 在右侧窗格中设置其填充颜色与透明度。

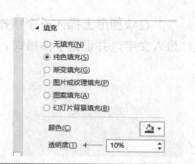

Step 17 设置后效果如图所示。

Step 18 按照相同的方法再绘制多个圆形形状与大圆相切,设置其填充色。

Step 19 插入文本框录入文字,并设置字体格式。

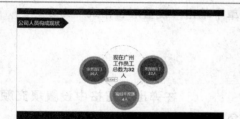

Step 20 在"插入"选项卡内单击"形状"按钮,在弹出的列表中选择"直线"形状。

Step 21 在页面合适的位置绘制一条直线。

Step 22 在"设置形状格式"窗格中设置其线条颜色,如"白色、背景1、深色35%"。

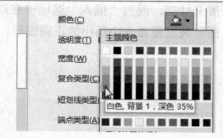

Step 23 在下方的"箭头末端类型"右侧的下拉按钮中选择"圆形箭头"类型。

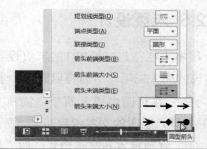

Step 24 按照相同的方法绘制更多的线条,并设置箭头颜色和类型。

Step 25 在箭头的末端绘制一个正圆形,并设置其填充色为"白色、背景1,深度15%"。

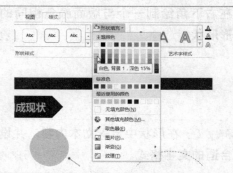

Step 26 在图形上添加文本框输入文字,并设置文本格式。

Step 27 按照相同的方法添加更多图形及文本框即可。

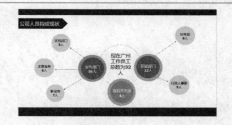

16.2.5 末页设计

　　很多人往往忽略掉PPT的末页设计，开场明明很酷，一到结尾就变味了，也就是常说的虎头蛇尾，下面将以制作一个简单的PPT尾页为例进行讲解。

Step 01 在页面中插入两个"横排文本框"并录入感谢的文本内容。 **Step 02** 分别设置其文本格式，如"Arial Black，40号，橙色"；"Dotum，24号，倾斜"。 **Step 03** 此时一个简单的尾页就完成了。	
Step 04 若还需要加入演讲者名字，可以在右下角绘制一个与版面颜色相同的矩形形状。	
Step 05 在形状中录入文本内容，并设置合适的文字格式。	
Step 06 还可以根据个人喜好添加合适的图片，再根据图片设置合适的字体配色即可。